Aya Body

健身後愛上自己

瑞昇文化

Prologue.

CrossFit（全方位綜合訓練）又名Functional training（功能性訓練）。Functional的意思是「實用的」、「功能性的」，是一種能均衡鍛鍊到全身肌肉的訓練。至於這究竟是一門什麼樣的運動，就請各位親自翻開本書看看了……。

我想先告訴那些對於自己的身體和體型有所不滿的人一件事情，就是我希望各位能善用自己天生的素質、琢磨出自己的美。我認為幫助各位達成這件事情，也是我身為健身教練的職責之一。

不需要成為其他人，而是讓自己擁有符合個人特色的美麗——我之所以開始有這種想法，也是因為我自身的經歷。

我從體育大學畢業後，曾經有一段時期兼任健身教練和模特兒。由於從事健身教練的工作，我的身體自然比一般女性還來的有肌肉。可是在當時，女性的美麗標準就只有瘦不瘦而已。模特兒的身分讓我不得不消掉一些肌肉，結果我在健身房時也沒做我最愛的運動，變得只靠口頭指導，這讓我身為健身教練的自信一點一點地流失……。

這個時候，我看到許多海外大紅大紫的女模特兒，她們的腹肌都塊塊分明，就連大腿也很有肌肉，立體感十足。於是我開始覺得根本不需要把自己弄得跟瘦竹竿一樣，我的身體只要有我自己的樣子就好了，心裡頓時變得海闊天空。而這也讓我下定決心，我要以我自己的美來面對這個世界。

恰好那個時候，我接觸到CrossFit。

開始訓練後，我的身體很明顯地持續產生改變。重複同樣的動作幾次後，做起來的速度變得更快、之前沒力氣撐起來的腰也撐得起來了……我能感覺到沉睡在身體裡的潛力正源源不絕被我激發出來，這一點也是訓練的一大魅力所在。

CrossFit是一項追求自我、美麗、強韌的訓練。那麼，就讓我們一同開始訓練吧！

Make a Habit of

充滿活力的肌肉和展現女性體態的曲線，
兩者兼備才算得上真正的美！

Daily Exercising

我並不覺得，
光是瘦下來就等於美麗。

Make Your Body Flexible.

要打造美麗的身軀
絕對不容易。
可是，只要付出一點點心力
身體就會產生改變。
最重要的事情莫過於努力不懈。

別總是追求那些
自己所沒有的。
把眼光放在自己擁有的素質上，
善用它、琢磨它的美。
以自己所擁有的東西去面對一切就行了！

Make Your Body
Powerful and Sexy.

KENDALL+

Contents

How to Use

DVD的使用方法

收錄時間
100分

主目錄畫面

光碟中會示範本書所介紹的各部位訓練菜單

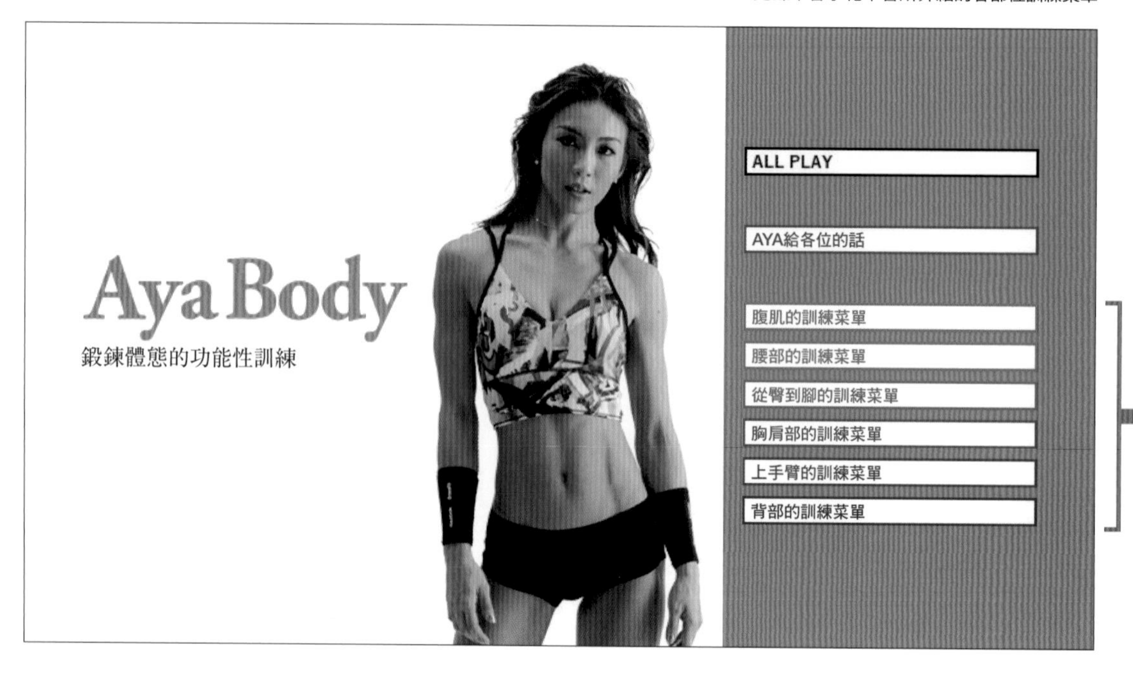

AYA給各位的話

光碟中AYA為初次嘗試訓練的各位錄了一段話

與本書對應

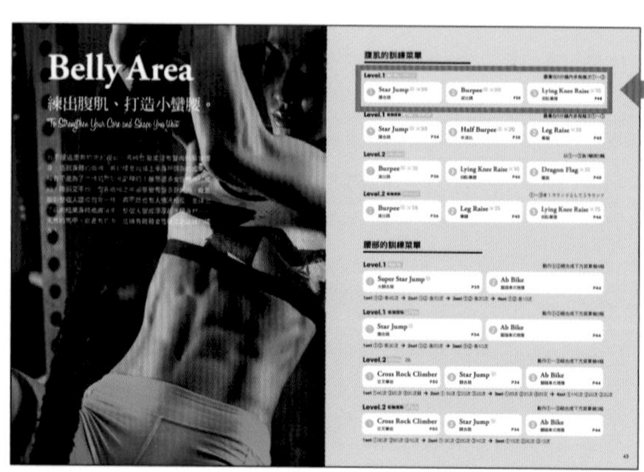

強度不同的各菜單中包含哪些項目，都會在本書中介紹。

【DVD注意事項】●觀看時請確保房間光線充足且維持適度觀看距離，並避免長時間連續觀看，定時讓眼睛休息。●DVD為將影像及聲音高密度錄製而成的光碟片，請以規格12公分的光碟機播放。注意，部分附有DVD光碟機的電腦和遊戲主機可能無法播放本光碟。我們無法提供使用者環境以及操作方法方面的諮詢，請見諒。此外，若造成光碟機和資料毀損，恕不予以賠償。●拿取光碟時，請盡可能避免兩面沾上指紋、髒污、以及刮傷。另外，如果對光碟施加過大壓力會造成光碟輕微變形，可能導致內容無法讀取。●本光碟之內容受法律保護，嚴禁擅自拷貝、公開播放、公開投影、上傳至網路。●自圖書館外借本書時，光碟可一同借出。

【實際訓練時】●運動時建議使用瑜珈墊，並穿上鞋子。●訓練過程如感到疼痛與不適，或是感覺身體出狀況，請立即中止運動。●訓練請視身體情況調整，不應勉強，並自行承擔所有責任。●若出現在意的症狀，或是本身有疾病、受傷的情況下，請尋求專業醫師的診斷。

各部位的子目錄畫面

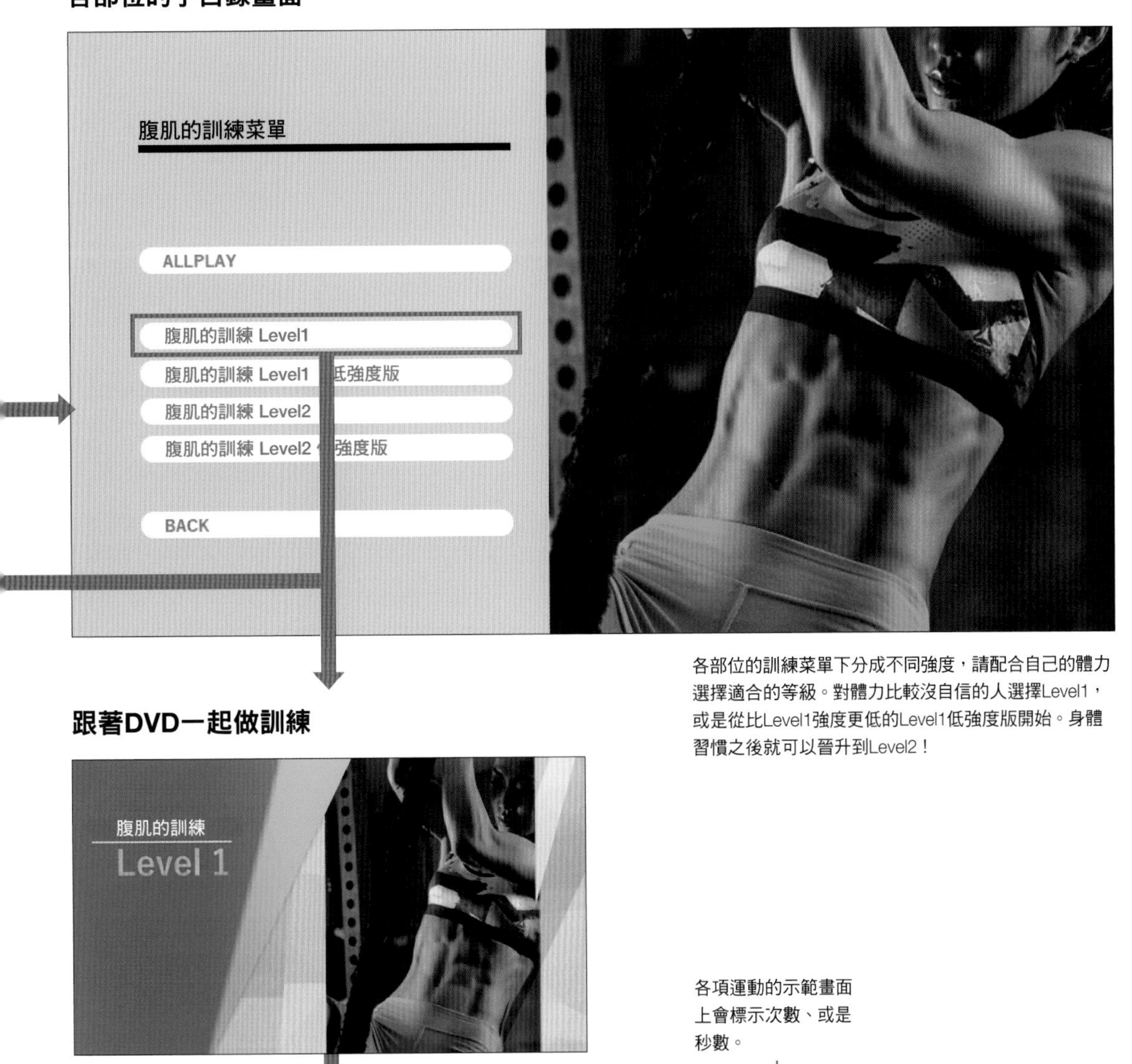

各部位的訓練菜單下分成不同強度，請配合自己的體力選擇適合的等級。對體力比較沒自信的人選擇Level1，或是從比Level1強度更低的Level1低強度版開始。身體習慣之後就可以晉升到Level2！

跟著DVD一起做訓練

各項運動的示範畫面上會標示次數、或是秒數。

23 sec Butt Kick（踢臀）

12 Star Jump（開合跳）

DVD中收錄每項動作的重點，如「注意力集中在肚子上」、「重心放在腳跟上」等，聽了就能以正確的姿勢進行訓練。而且不時會有「剩下一點點了」、「加油」的打氣，非常有臨場感，讓人對於訓練的動力再提升！

Part.1

CrossFit Make Aya's Body.

Make Beauty and Health on Body & Mental.

CrossFit訓練
讓美麗與健康到手

我心目中的女性美是健康且擁有肌肉的身體！而幫助我們達到這項目標的就是CrossFit。CrossFit起源於美國，其追求的不光只是讓外表更好看，而是希望達到美麗與健康兼備之最佳體態的健康體適能。如果聽到體適能時心中冒出「？」的人，一定要讀讀這一章。那就讓我們趕快來學習AYA的CrossFit，打造健康又美麗的身心靈吧！

CrossFit Lesson 1

CrossFit是一種
鍛鍊全身的訓練

Build Up Your Body and Heart with CrossFit.

首先，我想先告訴大家我平時身體力行訓練的基礎——CrossFit。

CrossFit是一種誕生於美國，結合了有氧運動以及肌力訓練的健身法。有氧運動可以提高燃脂效果，肌力訓練可以確實增加肌肉力量，強化身體素質……CrossFit所追求的，是一副可以活動自如的身體。

說的稍微專業一點，CrossFit可以幫助我們鍛鍊日常生活中會使用到的最低限度的肌肉。比方說上班時走路、撿起地上的東西、上下樓梯、拿取高處的東西……這些日常生活上的動作，都需要從小肌肉到大肌肉，運用全身的肌肉才能完成。為了使用肌肉，我們也需要充分吸收氧氣的能力。透過CrossFit，就能提高每天生活行動時所需的身體能力。

我們會因此變得比較不容易疲勞，活動起來也更輕鬆！由於身體動起來感覺沒那麼費力了，消耗的能量會隨之提升。而且因為不斷讓身體動作，贅肉也會變得越來越少。

CrossFit也許會給人一種激烈且困難的感覺，但絕對沒有這回事。舉例來說，鍛鍊下半身的深蹲這項動作，想必大家都聽過吧？這項運動其實就是我們搬起地上東西時的動作。

CrossFit就是如此將日常生活中的一個動作融入訓練，所以身體理應能自然做出動作。再加上CrossFit不會只集中訓練特定肌群，可以非常均衡鍛鍊到全身。

鍛鍊全身，打造活動自如的身體……如此建立身體的平衡，就結果來看便能獲得一副充滿立體感的美麗軀體。

CrossFit是什麼？

- ☑ 結合有氧運動以及肌力訓練的全方位綜合訓練
- ☑ 每天的訓練菜單都不同，變化無窮
- ☑ 活動全身，紮實鍛鍊身體的訓練
- ☑ 追求能真正使用的肌肉、活動自如的身體
- ☑ 讓日常生活過得更輕鬆的訓練
- ☑ 不只是追求外表好看，連內在的素質也會改變的訓練

包含了上述特徵的CrossFit可以改造我們的身體。

如果想實際體驗看看CrossFit，非常推薦大家親自跑一趟Reebok的「CrossFit健身房」。不只是日本，全球都見得到CrossFit健身房的蹤影。他們透過佳評如潮的健身方法，幫助許多人獲得健康的體適能。進行正式CrossFit的運動員，身心都十分帥氣。看著他們將CrossFit作為一項專業運動全力以赴的嚴肅心態和想法，總令我也感到十分憧憬。

CrossFit Lesson 2

CrossFit所追求的是「健康的體適能」

Forging Elite Fitness with CrossFit.

對各位來說，美麗的身體是什麼樣子呢？我認為光是纖細、肉少的身體並不美麗。

雖然穿衣服時看不出來，但穿上泳裝時看到皮包骨般的身體各位有什麼感覺？我想實在稱不上有魅力吧。健康且有肌肉的身軀，才是我理想中的美麗身體。

而CrossFit本來所追求的東西是健康的體適能，也就是「更優良的健康狀態」。

各位怎麼看待自己的健康狀態呢？

CrossFit的概念上認為健康的指標有三個層面：「疾病（Sick）」、「健全（Wellness）」、「體適能（Fitness）」。

舉個例子，健康檢查有很多種檢查項目，我們會判斷異常數值代表生病、正常數值代表健康沒錯吧？而健康的最佳狀態就是「體適能」，這就是CrossFit要達成的最終目標。

體適能是身體保持健康能力非常高的一種狀態，也因此能延緩年齡增長所伴隨的身體變化與機能退化速度，或是說降低生病的可能性。

不光是身體，精神層面也一樣。CrossFit不僅可以打造緊實的體態，還能喚醒沉睡在各位體內的能力，好比讓人能搬起更重的東西、原本1下都做不起來的伏地挺身也會漸漸不再感到困難。透過CrossFit感受自己的體能提升，連帶會影響到自信的增長。

身體和心靈形影相依。鍛鍊身體，同時也會磨練到精神。

而提升體適能的等級，同時也就等同於自己正在創造美麗的身心。

透過CrossFit提升健康等級！

「疾病」、「健全」、「體適能」
是判斷身體狀態是否健康的不同指標。

健康檢查中包含上述各種項目，根據這些基準來進行判斷，如果偏離正常數值代表生病、正常數值範圍內則代表健康（Wellness）。CrossFit的初衷就是追求健康體適能，也就是最佳的健康狀態。

※資料來源：《CrossFit Level 1 Training Guide》／發行：CrossFit Inc.

CrossFit Lesson 3

訓練以及飲食
是影響CrossFit效果的關鍵

Workout, Food & Nutrition Support CrossFit.

CrossFit的最終目的是健康的體適能，不知道各位清楚了嗎？

至於將CrossFit形塑身體的概念畫成更具體的圖表，就是體適能金字塔（請參照右頁圖片）。

金字塔頂端雖然寫的是運動，不過請視其為展現體適能的機會。

金字塔正中間位置上的「舉重＆投擲」、「體操」、「代謝訓練」則是我們在CrossFit中會施作的項目。

藉由CrossFit我們可以培養出10項基本體能（請參照右頁），包含心肺耐力、體力、肌肉力量、柔軟度、爆發力、速度、協調性、敏捷度、平衡感、正確性。

換句話說，體適能的意思可以說是將這10項基礎體能提升到一定程度的狀態。

再來，支撐金字塔的地基則是營養，也就是飲食。飲食對提升CrossFit的效果來說是不可或缺的要素。為了維持肌肉，如何攝取組成肌肉的原料——蛋白質等營養將會十分關鍵。

就算訓練的再勤，如果不好好控管飲食，也無法獲得十足的成效。

由於我每天的運動量確實會比一般女性來的多，所以我的飲食方法無法直接套用到各位身上。而且像我在攝影前為了讓體態看起來更結實一點，會減少澱粉的攝取量，整體飲食的量也會壓低。不過我絕對不會靠斷食來瘦身。

要打造美麗的身體，脂肪也是很重要的。

關於飲食部分，在Part3（P.83）有一些我個人的建議，還請各位參考看看。

CrossFit金字塔

CrossFit

運動
SPORT
運動是可以展現體適能的機會。一般認為這是經過CrossFit訓練，身體能力得到提升後用來測試的方式。

舉重&投擲
WEIGHTLIFTING & THROWING
主要會使用重訓器材來培養肌肉力量、爆發力、速度等體能。訓練動作中也包含許多日常生活上會使用的動作。

體操
GYMNASTIC
指操作身體的體操性動作。

代謝訓練
METABOLIC CONDITIONING
指的是Cardio Workout（有氧運動）。可以增強心肺功能、減少體脂肪、提高身體代謝能力。

營養
NUTRITION
影響能否充分發揮CrossFit效果，達到健康體適能的基礎。攝取均衡、適當的營養和能量是健身的基本。

CrossFit可以鍛鍊的10項基礎體能

心肺耐力
身體吸收氧氣並處理的能力。

速度
反覆動作時將所需時間縮至最短的能力。

體力
獲取能量，搬運並集中的能力。

協調性
組合複數動作，做出完整一套動作的能力。

肌肉力量
肌肉所能發揮的力量。

敏捷性
從某動作快速轉換成其他動作的能力。

柔軟度
讓關節可動部分活動範圍更大的能力。

平衡感
確實掌握重心並動作的能力。

爆發力
肌肉在最短時間內發揮出最大力量的能力。

正確性
控制動作方向以及強弱的能力。

※資料來源：《CrossFit Level 1 Training Guide》／發行：CrossFit Inc.

Rules of Aya's Body Method ①

透過CrossFit
改造身體
抱持明確的目標
親身嘗試。

我之所以日復一日進行CrossFit來鍛鍊身體，
是因為想要維持自己希望的體態，
以及我身為CrossFit教練，對這份專業抱持的責任感。
在班上教導各式各樣的學員，
也就代表別人寶貴的身體寄託在我身上了。
為了得知怎麼樣鍛鍊可以得到怎麼樣的效果和結果，首先我得親身嘗試過，
確認之後才能指導學員做出安全且有效的動作。

我進行CrossFit時，對自己的要求是：
「不要畫地自限。」
隨著人生階段轉變，要求的東西也會改變。
我希望培養出面對任何事情都能挺身而出的強韌身心靈。
這些事情就是CrossFit教會我的。
而我們所要追求的是——

●兼具健康的肌肉，以及散發出女性魅力曲線的身體

這就是我的理想。透過CrossFit，就有可能打造出這樣的體態。
當然，進行CrossFit訓練的目的也不必侷限於這一種。

〇為了引出符合自己體型的美麗
〇為了養成日常生活中的運動習慣
〇為了激發自己的潛力
〇為了讓健康檢查的結果滿意

各式各樣的目的都可以，只需要一種目的就好，請大家務必帶著動力積極訓練。

還有，我希望大家把一件事情放在心上。
雖然聽起來或許有點嚴厲，但請記住「想偷懶，身體可是不會改變的。」
雖然訓練不輕鬆，不過接下來我會告訴大家2項訓練法則，
包含讓各位能夠避免厭煩、快樂身體力行的方法，
以及持續進行CrossFit的秘訣。

常常有人問我，我平常到底進行怎麼樣的訓練。
很多人似乎認為：「感覺就是長時間的肌力訓練！」
或者「應該都是高強度重量訓練吧？」
但其實並不是這樣。有幾天我也只有跑跑步而已。

①趁太陽還在上升時完成訓練

如果訓練時混水摸魚，成效也好不到哪裡去。
我常常看到有些人在健身房待了好幾個小時，
但其實需要在教室進行的一套高強度CrossFit只需花費45～60分鐘。
我本身也都趁天還亮的時候就完成所有訓練，
晚上就好好睡覺，讓身體能充分恢復。
白天紮紮實實訓練，天色暗下來後就停止活動。
這樣似乎有點像野生動物，不過考慮到荷爾蒙的週期，這麼做對身體來說是最好的。

②以1週為單位規劃訓練表

我自己會以1週為單位組合各種運動項目，
不會天天都做一樣的訓練。
禮拜一進行比較高強度的肌力訓練後，禮拜二就只會跑跑步。
禮拜三進行CrossFit，禮拜四則是加入衝刺的間歇訓練。
像這樣，規劃菜單時要注重強弱交錯平衡。
由於我不太擅長事先建立好訓練表，然後乖乖按表操課，
所以我基本上都是看禮拜一做什麼，
再決定整個禮拜的運動項目這樣。

③設定一個專門用來跑步的日子

我會設定一個只跑10km或15km的日子。
這是我將CrossFit導入健身實行時所發現的法則。
如果完全靠CrossFit訓練，練出的肌肉會比想像中還來的多。
可是加入長距離的跑步，就可以讓肌肉量維持在恰到好處的緊實狀態！
我們看到跑者的腳上雖然充滿肌肉，但不至於給人肥大粗壯的感覺對吧？
所以除了本書介紹的訓練菜單之外，
我也希望各位可以加入一些跑步的要素。

Rules of Aya's Body Method②

每天都進行不同的訓練。

Rules of Aya's Body Method③

設立「欺騙日」（Cheat day）讓訓練適度放鬆。

就算訓練再怎麼重要，
我們也絕對不可能每天都進行高強度的訓練菜單。
所以我會設定一個「欺騙日」(Cheat Day)。
英文中Cheat代表「欺騙」、「蒙混」這方面的意思，
雖然意思不太正面，但為了達成自己的目的，偶爾也要放鬆一下。
我們的用意就在這裡。

我的欺騙日設定在周末。我決定在那天都不要運動，
放鬆吃自己喜歡吃的東西。
雖然好像很多人覺得我一定不吃甜點，
但老實說我超愛吃甜食的。
我最愛的蒙布朗，吃起來也是沒在省的。

假如和朋友一起出去吃飯時，
說什麼我正在節食啊，我不吃碳水化合物啦，
老是用這種理由限制這裡限制那裡的，不是很無聊嗎？
我想和朋友盡情度過快樂時光，所以要吃什麼就儘管吃！
和朋友相處時就好好享受那段時間。
像這樣讓自己有適度放鬆的機會十分重要。
如果吃太多了，那就跟規劃以1週為單位的訓練菜單一樣，
飲食部分也以1週為單位去做正負抵銷就好了。
這種自我管理的能力，
也是CrossFit的其中一項最終目的。

想要打造心目中的體態，訓練一定得持之以恆。
雖然老是重複一樣的話，但為了讓大家能夠持續下去不厭煩，
務必要記住以下3項祕訣！

- **1個禮拜設置1～2天不運動的欺騙日**
- **欺騙日就是吃任何喜歡的東西都沒關係的日子**
- **和朋友約出去吃飯時約在欺騙日**

Part.2

WorkOut for Sculpting your parts.

Exercises for your Body parts.

鍛鍊，讓女人變得更美麗！
不同部位的原創訓練方法

本章介紹的是我自創的方法。結合肌力訓練和有氧運動，可以均衡鍛鍊到全身，而且包含了不同部位的訓練菜單，可以修飾自己比較在意的部位。透過這些運動，不知不覺間就會鍛鍊出優良軀幹，換句話說，就是腹肌。所以如果有人以成為腹肌女子為目標，想挑戰更高強度的訓練，也可以在本書找到適合的運動。請參考下一頁開始的訓練流程，並親自嘗試看看。

Let's Start Training

訓練的
流程

這一章將分別介紹各部位的訓練，
包含腹肌與腰部、
從臀到腳、胸肩部、上手臂、
以及背部等5個部位。
每套菜單都是由
有氧運動以及肌力訓練
組合而成。

◍關於有氧運動

有氧運動就是過程需要消耗大量氧氣的運動，是一項能提升燃脂效果的全身運動。慢跑、快走、游泳都屬於有氧運動。

本書介紹的有氧運動有6種（P.34～P.41），每一種動作都能簡單做到。每個部位的訓練菜單都會從6種有氧運動中挑選幾項加入。

◍關於肌力訓練

每個部位的單元會介紹集中鍛鍊該部位的肌力訓練。

◍流程

從哪個部位開始嘗試都OK。各部位的單元在最一開始都會劃分出有氧運動＋肌力訓練的不同強度訓練菜單。

基礎菜單會依負擔小到大，區分成Level 1、Level 2、Level 3（Level 3僅出現在從臂到腳）。每份菜單都可以從任意等級開始（參考下圖）。如果覺得自己不太能負荷，我們也提供強度較低的版本，可以從這裡開始慢慢提高自己能承受的強度。

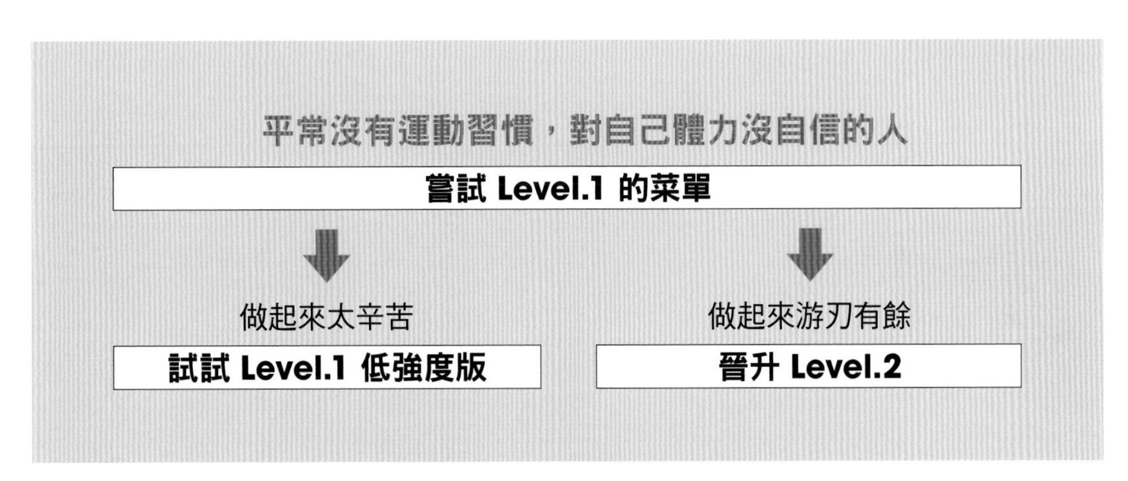

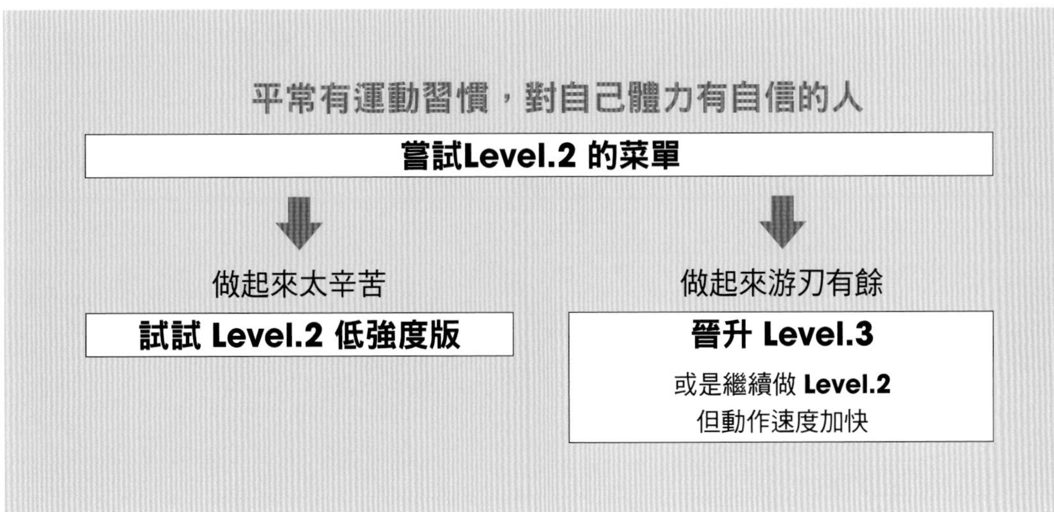

How to Use

本書的使用方法

有氧運動的解說頁

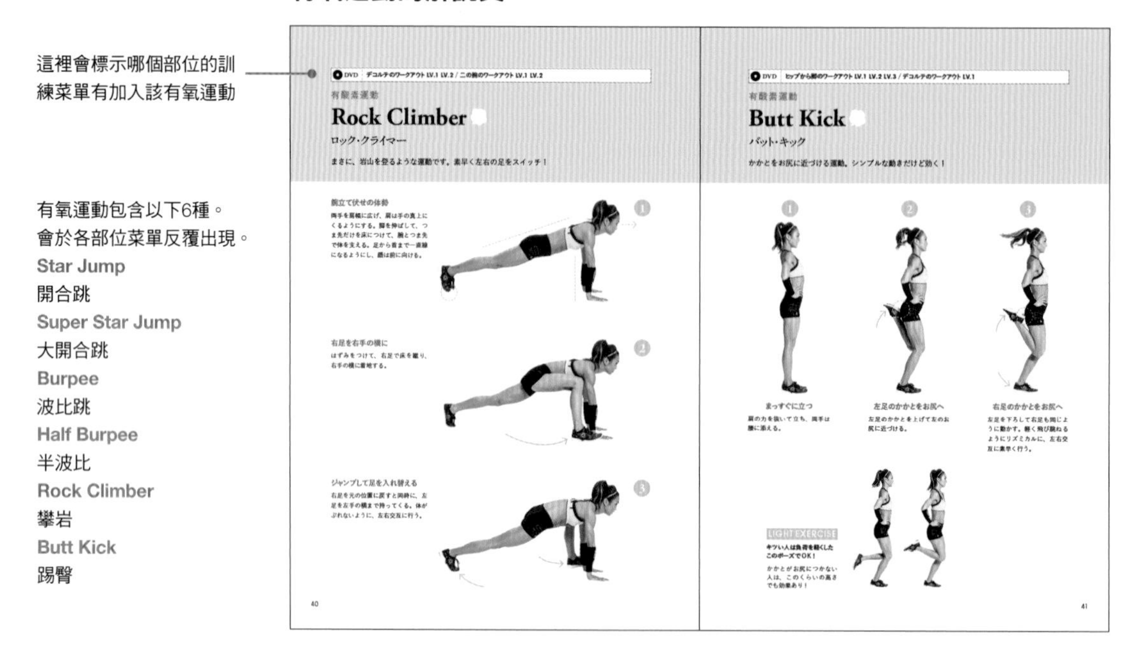

這裡會標示哪個部位的訓練菜單有加入該有氧運動

有氧運動包含以下6種。
會於各部位菜單反覆出現。

Star Jump
開合跳
Super Star Jump
大開合跳
Burpee
波比跳
Half Burpee
半波比
Rock Climber
攀岩
Butt Kick
踢臀

肌力訓練的解說頁

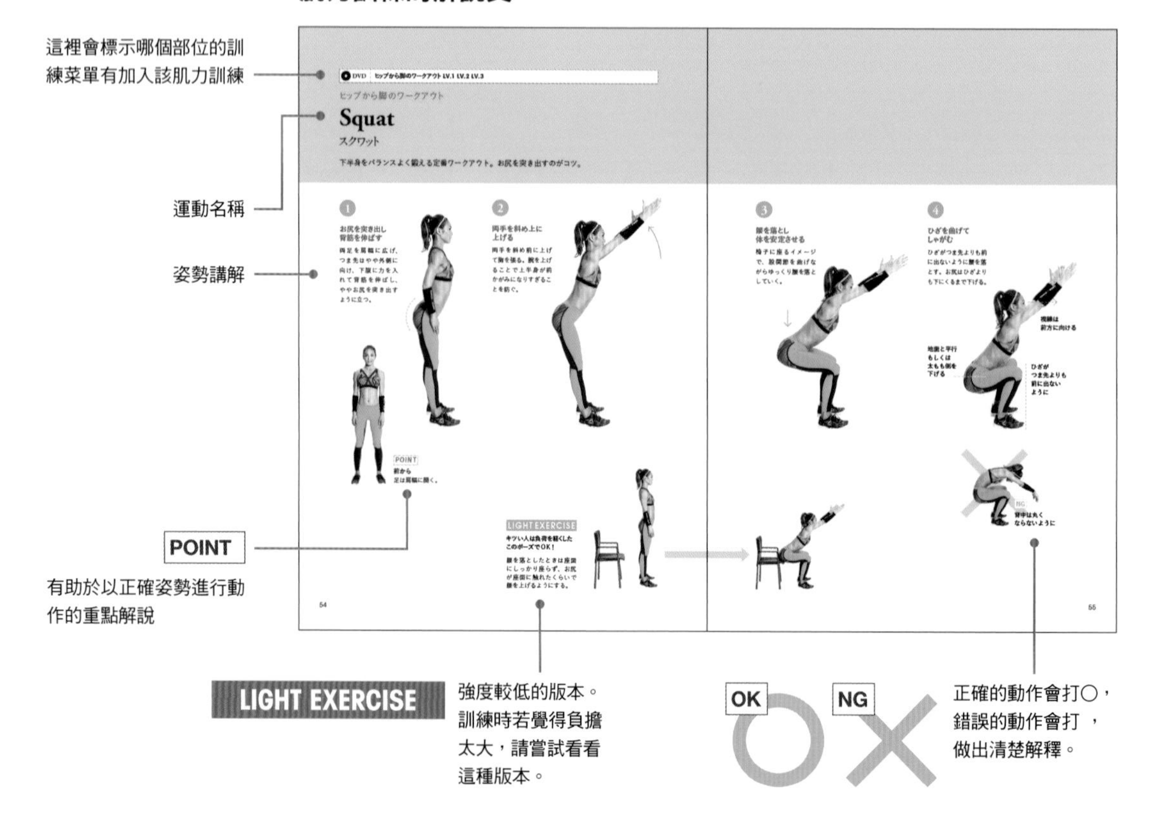

這裡會標示哪個部位的訓練菜單有加入該肌力訓練

運動名稱

姿勢講解

POINT

有助於以正確姿勢進行動作的重點解說

LIGHT EXERCISE

強度較低的版本。訓練時若覺得負擔太大，請嘗試看看這種版本。

OK ○ **NG** ×

正確的動作會打○，錯誤的動作會打 ，做出清楚解釋。

各部位訓練菜單的目錄頁

可以依照自己的體能來選擇等級。就算每天都做相同的訓練也沒關係。
如果感覺自己做起來沒有之前這麼容易累、可以輕鬆做到後，請提升訓練等級。
另外一種方法，是進行相同等級的訓練，但提高速度在短時間內做完。

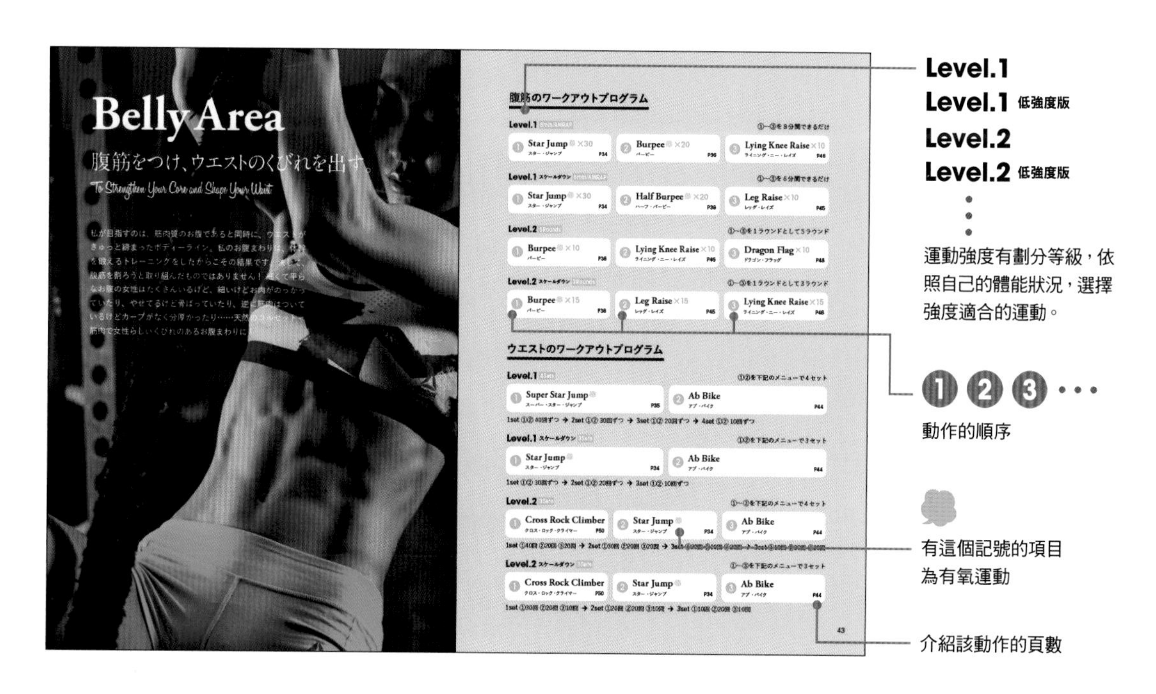

運動強度有劃分等級，依照自己的體能狀況，選擇強度適合的運動。
動作的順序
有這個記號的項目為有氧運動
介紹該動作的頁數

AMRAP

As Many Rounds As Possible的開頭字母縮寫，意思是盡可能多做幾輪。右圖中代表5分鐘內盡量多做一點。

Rounds

右圖中代表要重複做5輪。

Sets

右圖中代表要做3組。

例
Level.1 5min/AMRAP
Rock Climber ×30
攀岩
P.38
Level.1 5Rounds
Rock Climber 3min
攀岩
P.38
Level.1 3Sets
Squat → Rock Climber
深蹲 / 攀岩
P.38 / P.54
深蹲50次 → 攀岩30次

重複的次數

重複的時間

min 分
sec 秒

碰到稍微複雜的菜單，操作順序和次數會清楚標明。

DVD 腹肌的訓練 LV.1 / 腰部的訓練 LV.1 LV.2

有氧運動

Star Jump

開合跳

不要過度彈跳，始終維持抬頭挺胸，跳動時要有韻律感！

1
2
3
掌心朝前
手肘微彎
身體不要前傾
不需要刻意
高高跳起
雙腳張開幅度
微微大過肩寬

抬頭挺胸站好

肩膀放鬆，兩手貼在大腿旁，抬頭挺胸站好。

雙腳打開輕跳

不需大力彈跳，保持肘部微彎，從側邊自然上擺，雙腳打開輕跳。

回到原本的姿勢

腳底完全貼在地上，回到①的姿勢後再繼續做②，開合跳時保持韻律感。

有氧運動

Super Star Jump

大開合跳

雙腳蹬地跳躍，同時往兩旁打開。在空中時注意不要把肚子和臀部推出來。

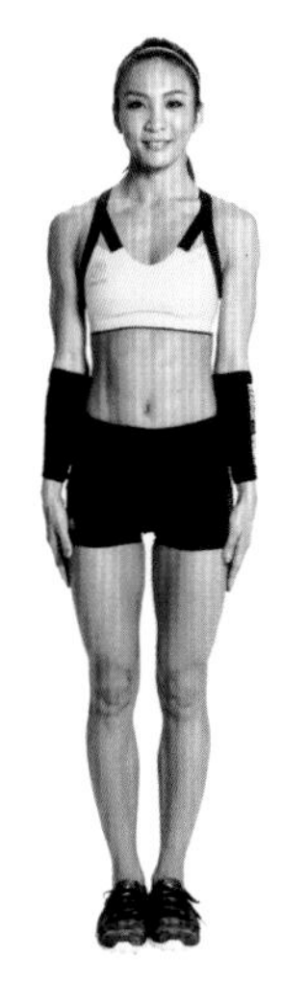

1

抬頭挺胸站好

肩膀放鬆，兩手貼在大腿旁，抬頭挺胸站好。

2

雙膝微彎

為了蹬地跳起，雙膝微彎以提供彈跳力。

3
掌心朝前
4
手肘彎曲角度大
身體不要前傾
注意身體平衡
雙腳大大打開

雙腳大大打開跳躍

手肘保持彎曲從身側自然上擺，雙腳大大打開向上跳。要注意身體保持直立狀態。

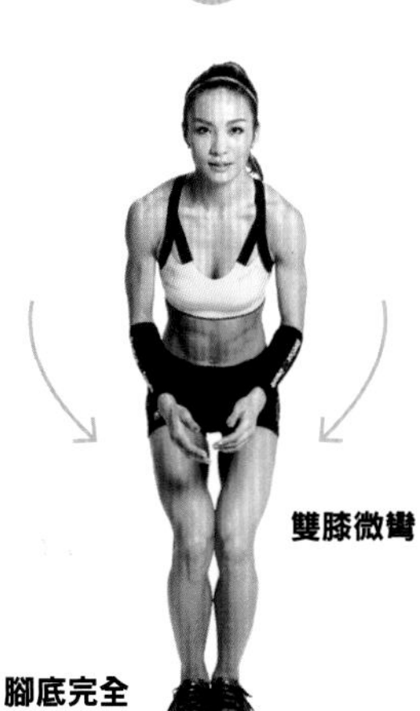

4
雙膝微彎
腳底完全貼在地上

腳掌著地

著地時雙膝微彎，並注意以整個腳掌著地，如此反覆跳躍→②→③……。

DVD　腹肌的訓練 LV.1 LV.2 / 上手臂的訓練 LV.1 LV.2 / 背部的訓練 LV.1

有氧運動

Burpee
波比跳

可以刺激全身的脂肪，提高燃脂效果！動作時注意不要憋氣。

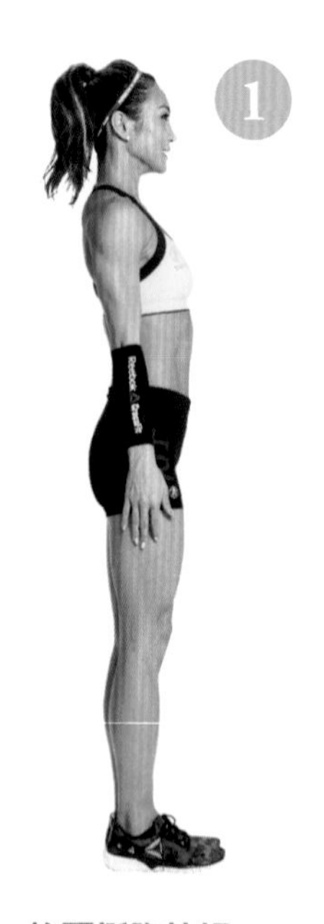

1

抬頭挺胸站好

肩膀放鬆，兩手貼在大腿旁，抬頭挺胸站好後再開始動作！

2

身體前屈

膝蓋打直，身體前屈。

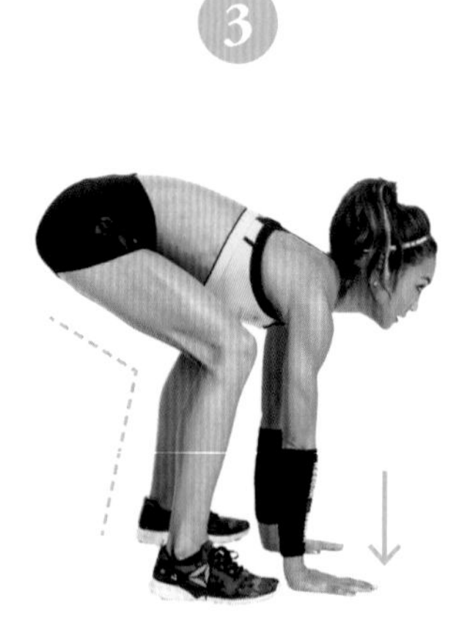

3

雙手觸地

膝蓋彎曲、雙手觸地。

4

雙腳併攏後伸

雙腳一齊蹬地輕跳，往後伸出。

5

手肘彎曲身體觸地

類似伏地挺身的動作，雙肘彎曲、胸部觸地。頭部稍微抬起看向前方。

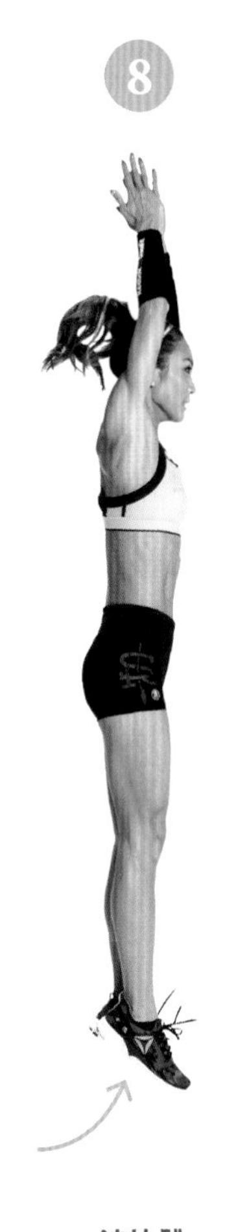

手肘打直撐起身體

兩手像用力按壓地板一樣快速將身體撐起。

雙腳併攏往前收

手臂保持打直，雙腳一齊輕跳收回手掌後方。

波比跳

站起後兩臂向上伸出輕跳，再回到①的姿勢，反覆動作。

OK

手臂內收緊貼身體

NG

腋下沒夾緊、手臂外開為不良動作。

DVD 腹肌的訓練 LV.1 / 上手臂的訓練 LV.1 LV.2 / 背部的訓練 LV.1

有氧運動

Half Burpee 

半波比

比波比跳強度稍微低一點的全身運動。

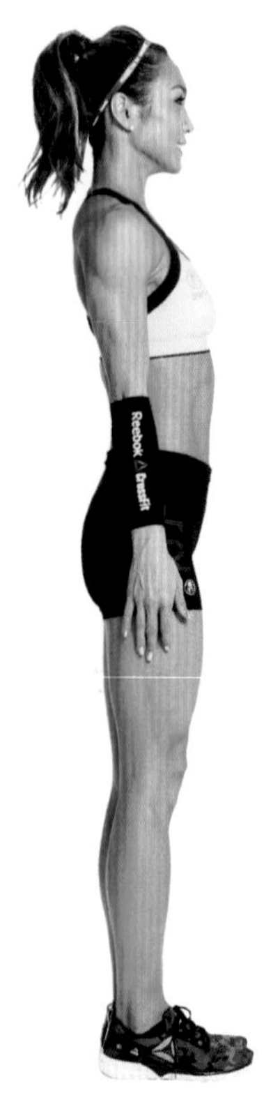

1

抬頭挺胸站好

肩膀放鬆，兩手貼在大腿旁，抬頭挺胸站好後再開始動作！

2

身體前屈

膝蓋打直，身體前屈。

3

雙手觸地

膝蓋彎曲、雙手觸地。

4

雙腳併攏後伸

雙腳一齊蹬地輕跳，
往後伸出。

5

雙腳併攏往前收

手臂保持打直，雙腳一齊
輕跳收回手掌後方。

NG

**上半身不要
向前傾。**

6

半波比

不必像波比跳一樣向上跳，
但雙手要向上伸出。再回到
②的姿勢，反覆動作。

DVD 胸肩部的訓練 LV.1 LV.2 / 上手臂的訓練 LV.1 LV.2

有氧運動

Rock Climber

攀岩

簡直就和攀岩時的動作一模一樣。左右腳快速交替動作！

伏地挺身預備姿勢

兩手打開與肩同寬，肩膀位於手掌正上方，兩腳後伸以腳尖觸地，靠雙手及腳尖支撐身體。從腳到脖子呈現一直線，抬頭看向前方。

收右腳到右手旁

兩手維持原樣，右腳蹬地，以輕微彈跳方式收到右手旁踩好。

以跳躍方式換腳動作

右腳回到原位的同時，將左腳收到左手旁。雙腳交互動作，並注意身體不要晃動。

DVD 從臀到腳的訓練 LV.1 LV.2 LV.3 / 胸肩部的訓練 LV.1

有氧運動

Butt Kick

踢臀

提腳跟接近屁股的運動。動作簡單但效果十足！

1

抬頭挺胸站好

肩膀放鬆，雙手插腰。

2

左腳跟向後往屁股方向提起

提起左腳跟，靠近屁股左邊。

3

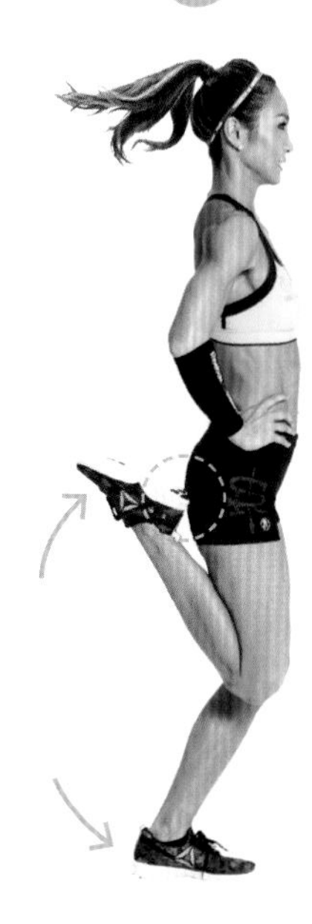

右腳跟向後往屁股方向提起

左腳放下後，右腳也以同樣方式動作。動作時輕輕跳躍保持韻律感，並快速左右腳交換。

LIGHT EXERCISE

覺得做不來的人也可以換成這種較低強度的動作！

如果沒辦法踢到屁股，只要抬到這個高度也同樣有效。

Belly Area

練出腹肌、打造小蠻腰。

To Strengthen Your Core and Shape Your Waist.

我不僅追求有肌肉的腹部，同時也要求沒有贅肉的緊實腰身，造就身體的曲線。我的腰是鍛鍊上半身所得到的成果，絕對不是為了六塊肌而刻意訓練的！雖然很多女性腰身既纖細，腹部又平坦，但在纖細之中卻感覺有些多餘的肉、或是瘦到整個人跟皮包骨一樣，再不然也有人情況相反，是練出了肌肉結果身體曲線消失，整個人變成厚厚的水桶身材……天然的馬甲，就是有肌肉、且擁有散發女性魅力之曲線的腰身！

腹肌的訓練菜單

Level.1 8min/AMRAP

盡量在8分鐘內多做幾次①～③

- ① Star Jump ×30 開合跳
- ② Burpee ×20 波比跳 P.36
- ③ Lying Knee Raise ×10 仰臥舉膝 P.46

Level.1 低強度版 6min/AMRAP

盡量在6分鐘內多做幾次①～③

- ① Star Jump ×30 開合跳 P.34
- ② Half Burpee ×20 半波比 P.38
- ③ Leg Raise ×10 舉腿 P.45

Level.2 5Rounds

以①～③為1輪做5輪

- ① Burpee ×10 波比跳 P.36
- ② Lying Knee Raise ×10 仰臥舉膝 P.46
- ③ Dragon Flag ×10 龍旗 P.48

Level.2 低強度版 3Rounds

以①～③為一輪做3組

- ① Burpee ×15 波比跳 P.36
- ② Leg Raise ×15 舉腿 P.45
- ③ Lying Knee Raise ×15 仰臥舉膝 P.46

腰部的訓練菜單

Level.1 4Sets

動作①②組合成下方菜單做4組

- ① Super Star Jump 大開合跳 P.35
- ② Ab Bike 腳踏車式捲腹 P.44

1set ①② 各40次 → 2set ①② 各30次 → 3set ①② 各20次 → 4set ①② 各10次

Level.1 低強度版 3Sets

動作①②組合成下方菜單做3組

- ① Star Jump 開合跳 P.34
- ② Ab Bike 腳踏車式捲腹 P.44

1set ①② 各30次 → 2set ①② 各20次 → 3set ①② 各10次

Level.2 4Sets

動作①～③組合成下方菜單做4組

- ① Cross Rock Climber 交叉攀岩 P.50
- ② Star Jump 開合跳 P.34
- ③ Ab Bike 腳踏車式捲腹 P.44

1set ①40次 ②20次 ③20次 → 2set ① 30次 ②20次 ③20次 → 3set ①20次 ②20次 ③20次 → 4set ①110次 ②20次 ③20次

Level.2 低強度版 3Sets

動作①～③組合成下方菜單做3組

- ① Cross Rock Climber 交叉攀岩 P.50
- ② Star Jump 開合跳 P.34
- ③ Ab Bike 腳踏車式捲腹 P.44

1set ①30次 ②20次 ③10次 → 2set ① 20次 ②20次 ③10次 → 3set ①10次 ②20次 ③10次

DVD 腰部的訓練 LV.1 LV.2

腰部的訓練

Ab Bike
腳踏車式捲腹

在半空中踩腳踏車的動作可以強化腹部肌肉，還能甩掉大腿和屁股的贅肉！

1

仰躺，雙手抱頭

兩腳伸直成仰臥姿，雙手置於頭下。

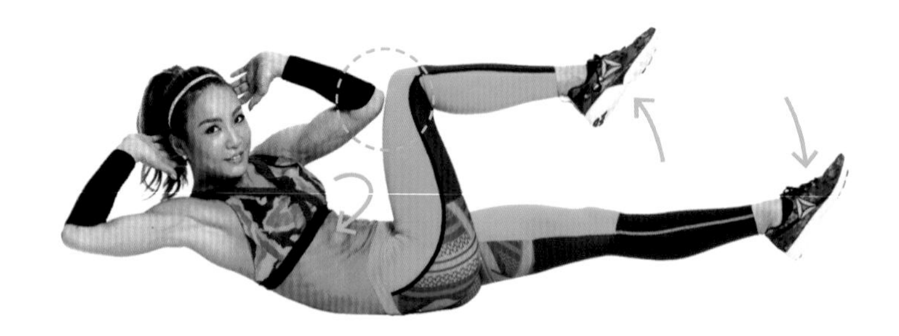

2

感覺下腹部用力

使用腹部力量抬起上半身並向右旋，同時左手肘去碰觸弓起來的右膝蓋。

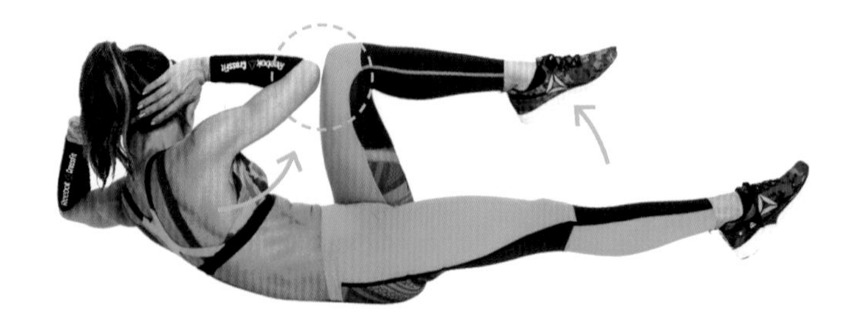

3

手肘碰觸膝蓋

身體回正並伸出右腳，同樣以右肘碰觸左膝。左右兩邊反覆交替動作並保持韻律感。

LIGHT EXERCISE

覺得做不來的人也可以換成這種較低強度的動作！

就算手肘碰不到膝蓋也OK。只要感覺有去碰觸就好。

DVD 腹肌的訓練 LV.1 LV.2

腹肌的訓練

Leg Raise
舉腿

將腿抬起來鍛鍊腹肌，消除下腹部贅肉的效果十足！

1

仰躺，雙手放在屁股下面

躺平，雙手手掌貼地，置於屁股下方。

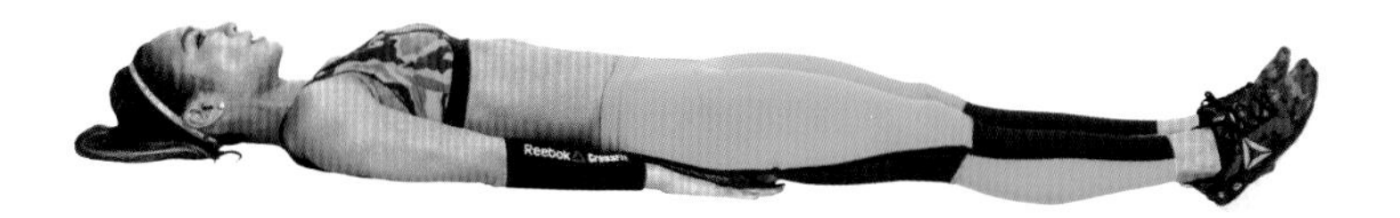

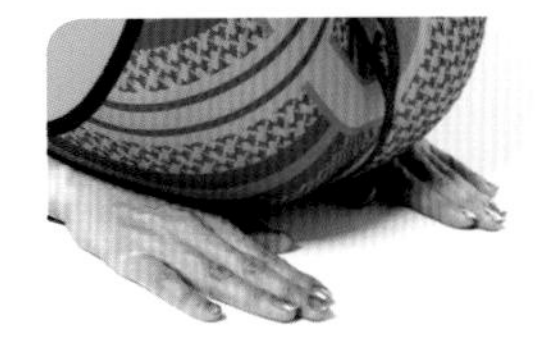

POINT

手掌向下可以幫助穩定上半身，避免舉腿軌道歪斜。

2

雙腳併攏抬起

兩手感覺輕輕按壓地面，雙腳抬起維持1～2秒。

3

感覺下腹部用力將腳放下

雙腳併攏且伸直，感受腹部用力，緩慢將雙腳放下。確保上半身不會搖晃也能避免腿的下降軌道歪斜。

慢慢放下

腰部貼好地面，想像自己整個人往地上壓。

4

腳要撐住停在半空中

腳跟不要碰到地面，在半空中停滯1～2秒，回到動作②。反覆動作。

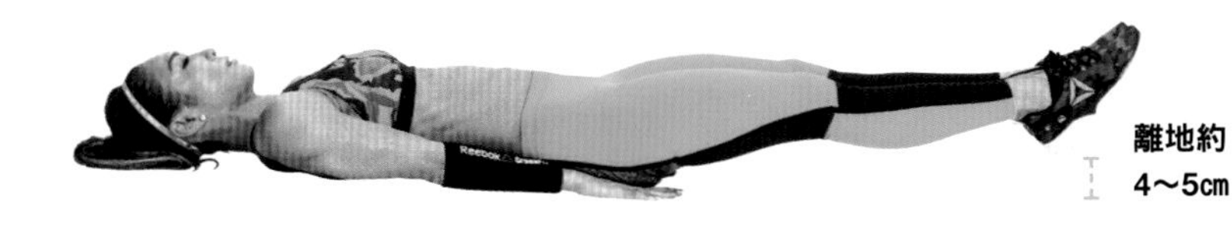

離地約4～5cm

DVD 腹肌的訓練 LV.1 LV.2

腹肌的訓練

Lying Knee Raise

仰臥舉膝

鍛鍊深層腹部肌肉，確實加強下半部腹肌。

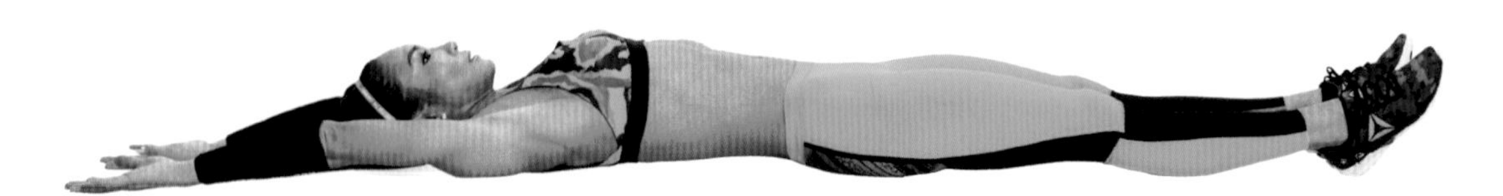

1 雙手伸直成仰臥姿

雙手雙腳伸直成仰臥姿勢，
注意腰部不要浮起來。

2 雙手＆雙腳舉起

兩隻手手掌轉向內側向上
舉起，同時也將雙腳舉離
地面。

3 **弓起背部收小腹**

彎起膝蓋，整個背部弓起來讓小腹收縮。

背部弓起

4 **想像把下腹部折彎**

近一步收縮下腹部，兩手伸向腳跟。這時膝蓋以下不要施力。

收緊
下腹部

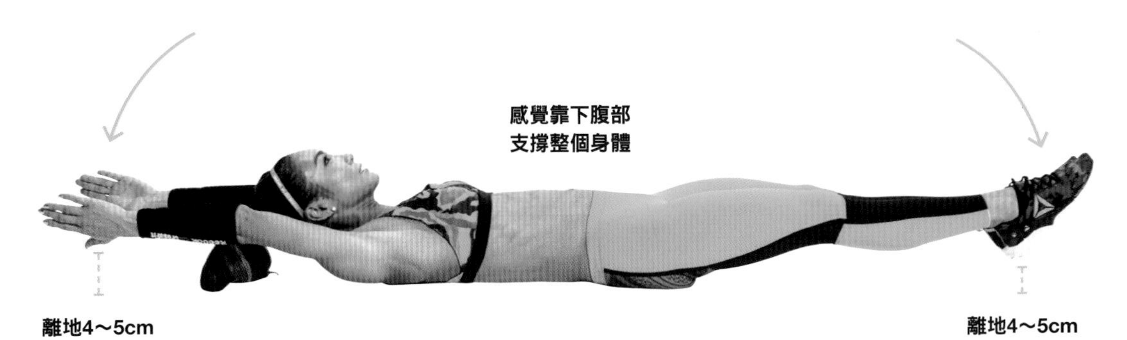
感覺靠下腹部
支撐整個身體
離地4～5cm
離地4～5cm

5 **靠腹部支撐身體**

雙手雙腳慢慢伸直，維持稍微離地狀態1～2秒後，回到動作②。反覆動作。

腹肌的訓練

Dragon Flag
龍旗

能鍛鍊到整個腹部肌肉的高強度動作。腹部練出足夠力量後再來嘗試！

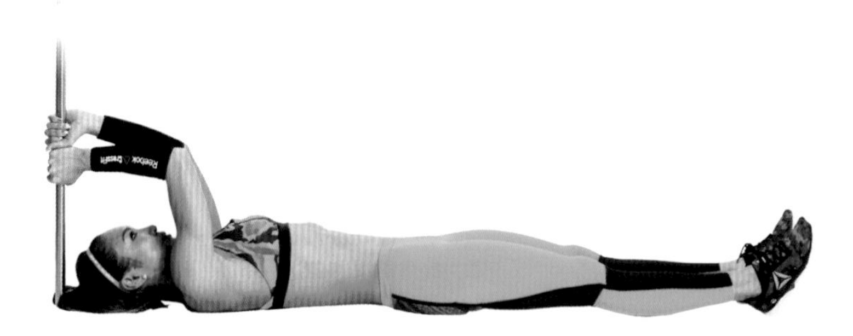

1

成仰臥姿，雙手握好柱子

為了支撐身體，我們需要握住一根柱子。仰臥狀態下，確保肩胛骨貼好地面，雙手握住柱子。

舉起整個背部和腳

上半身用力，讓腹部稍微彎曲，肩胛骨保持緊貼地面，將肩胛骨下半部撐離地面，雙腳併攏高高往上舉。動作時手臂要確實用力。

3

肩胛骨貼地

雙腳高高舉起後，整個身體慢慢下降。此時肩胛骨要先碰到地。

背部貼到地上

慢慢讓下背部貼到地上。
注意腰不要弓起來。

雙腳慢慢放下

感覺靠下腹部的力量支撐
下半身，屁股碰地後雙腳
保持伸直狀態慢慢放下。

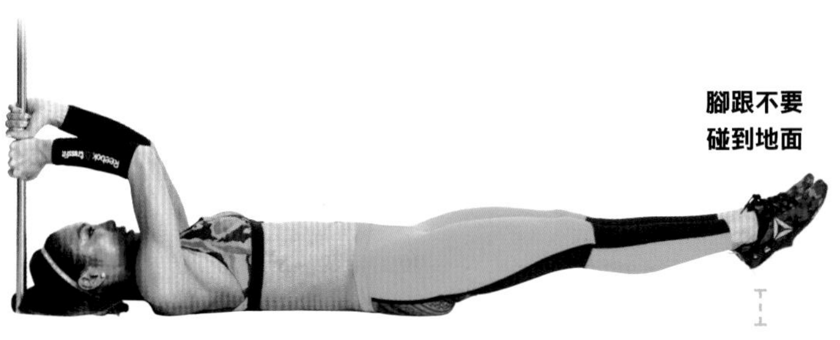

雙腳維持在半空中

雙腳併攏慢慢放下，但依然
維持在半空中不觸地。再次
進行動作②。反覆動作。

腰部的訓練

Cross Rock Climber

交叉攀岩

比攀岩的強度更高的運動。從頭到腳必須保持一直線。

伏地挺身預備姿勢

兩手打開與肩同寬撐地，手臂打直，肩膀位於手掌正上方，兩腳後伸以腳尖觸地，靠雙手及腳尖支撐身體。從腳到脖子呈現一直線，抬頭看向前方。

1

收右膝碰左肘

兩臂保持伸直狀態，右大腿往胸部收近，讓右膝蓋碰觸左手肘。

從前面看

2

上半身盡量不要晃動

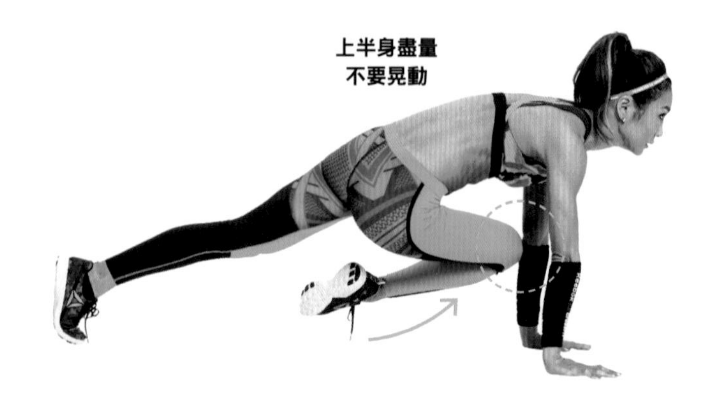

3

屁股不要翹起來

雙腳併攏伸直

右腳伸直回到①的姿勢。從脖子到腳呈現一直線。

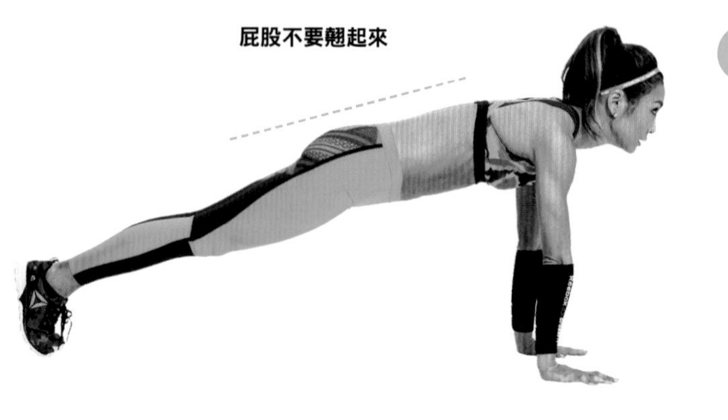

收左膝碰右肘

兩臂保持伸直狀態，左大腿往胸部收近，讓左膝蓋碰觸右手肘。

4

從前面看

5

雙腳併攏伸直

回到①的姿勢，反覆動作。上半身盡量不要晃動，左右腳輪流動作。

Lower Body

讓臀部到大腿緊實起來。

Strengthen Your Posterior Chain and Thighs.

下半身肥胖、有贅肉、屁股跟大腿的界線不明顯，這些問題總是讓人傷透腦筋呢。如果從屁股到大腿，以及到腳踝部分的線條十分立體、穠纖有致的話，看起來就會非常漂亮。我認為光是瘦、卻像根棍子一樣的腿看起來一點活力也沒有，缺乏美感。屁股帶點肌肉、有些硬度，大腿跟小腿也一樣稍微浮現出一點肌肉線條的話，看起來就會十分具有立體感——當然腳踝也會緊實起來。肌力訓練中混合慢跑的話，屁股和腳部的肌肉結實狀況會十分良好，看起來就像一雙長跑

從臀到腳的訓練菜單

Level.1 3Rounds of 30sec

動作①～③各做30秒，中間各休息15秒。以此為1輪做3輪。

① Butt Kick 30sec 踢臀 P.41	② Squat 30sec 深蹲 P.54	③ Front Back Lunge 30sec 前後弓箭步 P.60

Level.1 低強度版 3Rounds of 20sec

動作①～③各做20秒，中間各休息10秒。以此為1輪做3輪。

① Butt Kick 20sec 踢臀 P.41	② Squat 20sec 深蹲 P.54	③ Lunge 20sec 弓箭步 P.58

Level.2 4Sets

動作①～③組合成下方菜單做4組

① Butt Kick 踢臀 P.41	② Front Back Lunge 前後弓箭步 P.60	③ Lunge Knee Raise 弓箭步舉膝 P.62

1set ①②③ 各40次 → **2set** ①②③ 各30次 → **3set** ①②③ 各20次 → **4set** ①②③ 各10次

Level.2 低強度版 3Sets

動作①～③組合成下方菜單做3組

① Butt Kick 踢臀 P.41	② Squat 深蹲 P.54	③ Front Back Lunge 前後弓箭步 P.60

1set ①②③ 各30次 → **2set** ①②③ 各20次 → **3set** ①②③ 各10次

Level.3

動作①～⑤組合成下方菜單

① Squat → Butt Kick
深蹲 / 踢臀 P.54 / P.41

深蹲50次 → 踢臀30次

② Front Back Lunge → Butt Kick
前後弓箭步 / 踢臀 P.60 / P.41

前後弓箭步40次 → 踢臀30次

③ Lunge Knee Raise → Butt Kick
弓箭步舉膝 / 踢臀 P.62 / P.41

弓箭步舉膝30次 → 踢臀30次

④ Sumo Jumping Squat → Butt Kick
相撲深蹲跳 / 踢臀 P.56 / P.41

相撲深蹲跳20次 → 踢臀30次

⑤ Super Star Jump → Butt Kick
大開合跳 / 踢臀 P.35 / P.41

大開合跳10次 → 踢臀30次

Level.3 低強度版

動作①～④組合成下方菜單

① Squat → Butt Kick
深蹲 / 踢臀 P.54 / P.41

深蹲40次 → 踢臀30次

② Front Back Lunge → Butt Kick
前後弓箭步 / 踢臀 P.60 / P.41

前後弓箭步30次 → 踢臀30次

③ Lunge Knee Raise → Butt Kick
弓箭步舉膝 / 踢臀 P.62 / P.41

弓箭步舉膝20次 → 踢臀30次

④ Sumo Jumping Squat → Butt Kick
相撲深蹲跳 / 踢臀 P.56 / P.41

相撲深蹲跳10次 → 踢臀30次

DVD 從臀到腳的訓練 LV.1 LV.2 LV.3

從臀到腳的訓練

Squat
深蹲

均衡鍛鍊下半身的經典訓練動作，要訣在於將屁股推出。

1

屁股推出
背部打直

雙腳張開與肩同寬，
腳尖微微向外打開，
下腹部用力、背打直
並將屁股向後推出。

POINT

從前面看

腳打開與肩同寬。

2

雙手斜舉

雙手斜舉，抬頭挺胸。
透過舉起雙手可以避免
上半身過度前傾。

LIGHT EXERCISE

覺得做不來的人也可以
換成這種較低強度的動作！

蹲下時不要完全坐到椅子
上，蹲到屁股輕輕碰到椅
子的程度再起身。

3

往下坐並維持平衡

想像自己往椅子坐下，慢慢彎曲髖關節、慢慢蹲下。

4

膝蓋彎曲蹲下

蹲下時注意膝蓋不要超過腳尖，屁股要蹲到比膝蓋還低的位置。

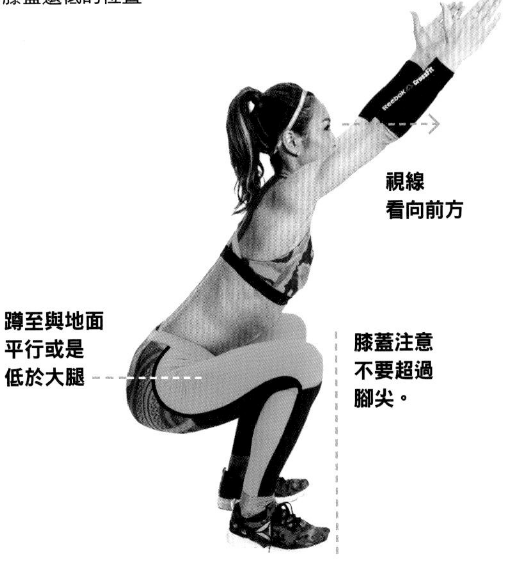
視線
看向前方
蹲至與地面
平行或是
低於大腿
膝蓋注意
不要超過
腳尖。

NG
背部不要
弓起來

從臀到腳的訓練

Sumo Jumping Squat

相撲深蹲跳

鍛鍊下半身的高強度深蹲動作。重點在於整體姿勢不能跑掉。

雙腳打開與肩同寬

雙腳打開與肩同寬，肩膀放鬆，雙手伸直貼在大腿兩旁。

雙手上舉、跳躍

雙手向上張開伸直，並輕輕跳起。

用右手碰左腳

膝蓋彎曲蹲下，右手觸碰左腳尖。

也可以是
這隻手放下來
大腿和
地面平行
膝蓋要和
腳尖朝向
同個方向

大跳躍

雙手向上張開伸直，
腳掌蹬地往上跳。

用左手碰右腳

膝蓋彎曲蹲下，左手
觸碰右腳尖。

再次跳躍

雙手向上打開伸直，腳掌蹬地
和④一樣用力往上跳。重複動
作③→④→⑤。

LIGHT EXERCISE

**覺得做不來的人也可以
換成這種較低強度的動作！**

屁股微微往下坐，碰觸膝蓋。

從臀到腳的訓練

Lunge
弓箭步

可以消除大腿前面和屁股的脂肪，塑造明顯的曲線。

2
注意膝蓋不要
超過腳尖

① 抬頭挺胸站直

兩腳併攏，雙手叉腰，
抬頭挺胸站直。

② 右腳大幅度向前跨出

上半身保持直立狀態，右腳往前跨出，右大腿彎曲至和地面平行。左膝輕觸地面，屁股往下坐。

③ 抬頭挺胸站直

右腳收回原本位置，
回到①的姿勢。

NG
背部不要
弓起來

跨出左腳

上半身保持直立狀態，左腳往前跨出，左大腿彎曲至和地面平行。右膝輕觸地面，屁股往下坐。

抬頭挺胸站直

左腳收回原本位置，回到①的姿勢。

DVD 從臀到腳的訓練 LV.1 LV.2 LV.3

從臀到腳的訓練

Front Back Lunge

前後弓箭步

可以均勻鍛鍊到大腿前後肌群的訓練。也有助於練出翹臀。

抬頭挺胸站直

兩腳併攏，雙手叉腰，
抬頭挺胸站直。

右腳向前跨出

上半身不要往前傾，
右腳向前跨出一步。

起身

站起來，右腳向下施力
帶給身體彈力。

右腳向後方移動

左腳保持不動，右腳
直接往後大幅拖行。
動作時上半身不要左
右搖晃。

像要壓住地板一樣
往後出腳

3

左膝輕觸地面

上半身保持直立狀態，左膝輕觸地面，右大腿彎曲至和地面平行，屁股往下坐。

6

右膝輕觸地面

右膝彎曲至輕觸地面，左膝彎曲，屁股往下坐。

7

回到起始動作

左腳不動，右腳向下施力回到①的姿勢。接著左腳進行相同動作。左右腳輪流，反覆動作。

從臀到腳的訓練

Lunge Knee Raise

弓箭步舉膝

可以鍛鍊到深層肌肉，讓臀部變得更緊實。

雙手叉腰
抬頭挺胸站直

兩腳併攏，抬頭挺胸
站直，雙手叉腰。

2

膝蓋微彎
舉起右膝

右大腿舉高過腰，
身體盡量不要晃動。

4

右腳收回
雙腳併攏站好

右腳蹬地起身，
雙腳併攏站直。

5

膝蓋微彎
舉起左膝

左大腿舉高過腰，
身體盡量不要晃動。

右腳向後拖行

右腳直接大幅度往後拖行，同時屁股往下坐，右膝微微觸地。

充分伸展到
鼠蹊部
注意膝蓋不要
超過腳尖

NG
注意上半身不要
左右搖晃

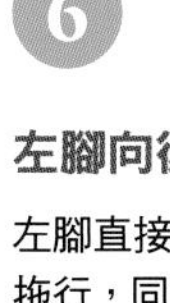

左腳向後拖行

左腳直接大幅度往後拖行，同時屁股往下坐，左膝微微觸地。

左腳收回 雙腳併攏站好

左腳蹬地起身，雙腳併攏站直，回到①的姿勢。

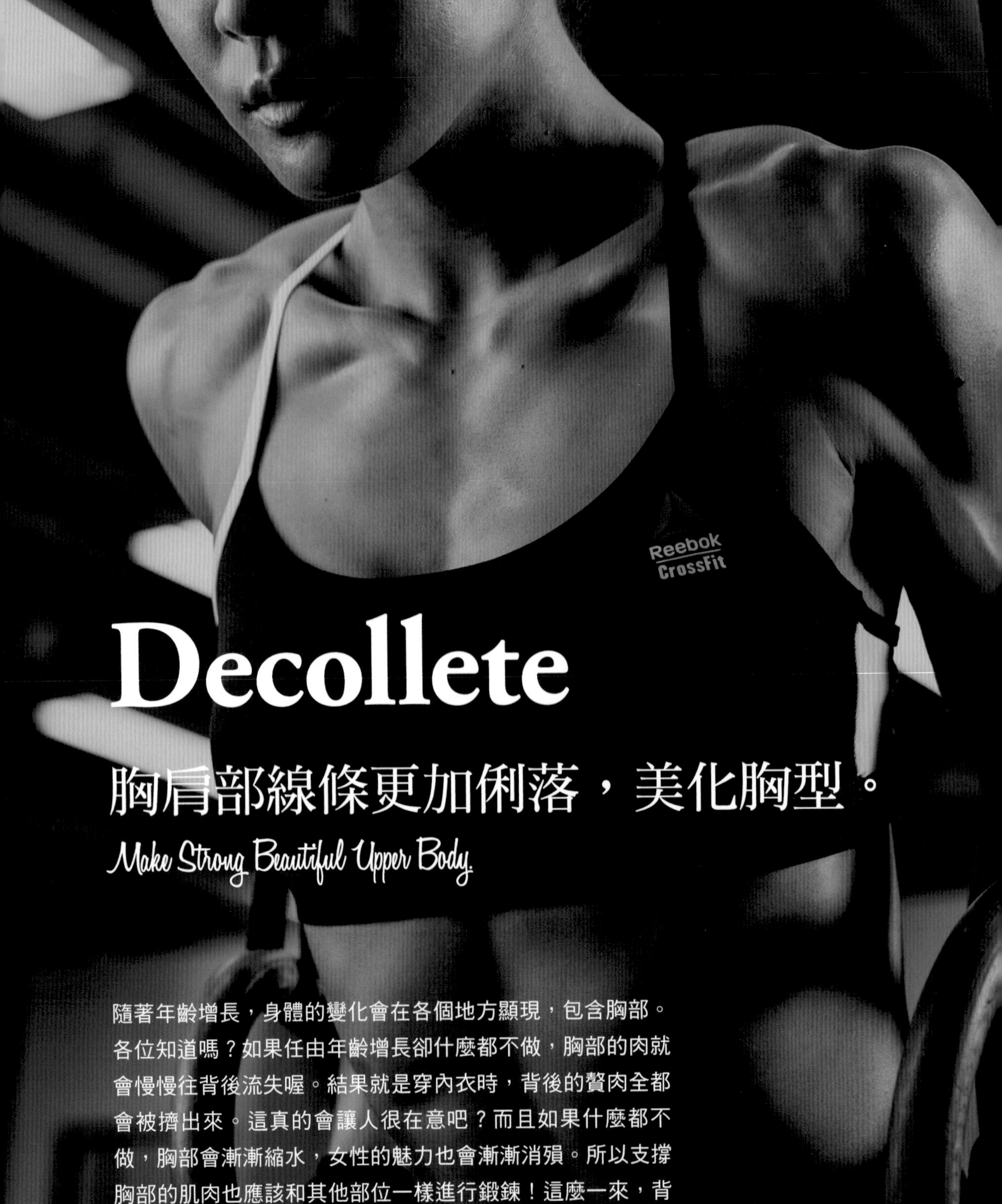

Decollete

胸肩部線條更加俐落，美化胸型。

Make Strong Beautiful Upper Body.

隨著年齡增長，身體的變化會在各個地方顯現，包含胸部。各位知道嗎？如果任由年齡增長卻什麼都不做，胸部的肉就會慢慢往背後流失喔。結果就是穿內衣時，背後的贅肉全都會被擠出來。這真的會讓人很在意吧？而且如果什麼都不做，胸部會漸漸縮水，女性的魅力也會漸漸消殞。所以支撐胸部的肌肉也應該和其他部位一樣進行鍛鍊！這麼一來，背部的贅肉會消失，也可以練就緊緻的美胸。

胸肩部的訓練菜單

Level.1 AMRAP

動作①～③組合成下方菜單

1. **Butt Kick ×20 → Rock Climber ×20 3min**
   踢臀 / 攀岩 P.41 / P.40
2. **Plank Up 2min**
   棒式挺身 P.66
3. **Butt Kick ×20 → Rock Climber ×20 3min**
   踢臀 / 攀岩 P.41 / P.40

Level.1 低強度版 AMRAP

動作①～③組合成下方菜單

1. **Butt Kick ×10 → Rock Climber ×10 2min**
   踢臀 / 攀岩 P.41 / P.40
2. **Plank Up 1min**
   棒式挺身 P.66
3. **Butt Kick ×10 → Rock Climber ×10 2min**
   踢臀 / 攀岩 P.41 / P.40

Level.2 4Rounds

動作①～③為1輪做4輪

1. **Rock Climber 2min**
   攀岩 P.40
2. **Hindu Push Up 30sec**
   印度式伏地挺身 P.70
3. **Plank Up 30sec**
   棒式挺身 P.66

Level.2 低強度版 4Rounds

動作①～③為1輪做4輪

1. **Rock Climber 2min**
   攀岩 P.40
2. **Down Dog Push Up 20sec**
   下犬式伏地挺身 P.68
3. **Plank Up 20sec**
   棒式挺身 P.66

DVD 胸肩部的訓練 LV.1 LV.2

胸肩部的訓練

Plank Up

棒式挺身

緊實胸前鬆垮垮的肉，打造美麗輪廓。

1 伏地挺身預備姿勢

兩手打開與肩同寬，手臂打直撐地，肩膀位於手掌正上方，兩腳後伸以腳尖觸地，靠雙手及腳尖支撐身體。從腳到脖子呈現一直線，抬頭看向前方。

2 右手肘彎曲放到地上

以左手支撐身體，右肘彎曲將前臂放到地上。注意肚子不要跟著掉下來。

3 兩手肘彎曲支撐身體

左手肘彎曲，兩手前臂放到地上。以手肘和前臂支撐上半身和腰部不要掉下來。

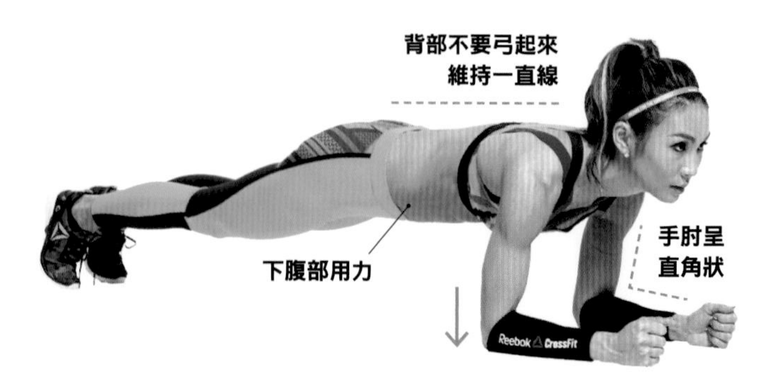
背部不要弓起來
維持一直線
下腹部用力
手肘呈
直角狀

④ 右手肘伸直

左手保持彎曲狀態支撐身體，
右手掌撐地將右手臂伸直。

⑤ 左手肘伸直

右手繼續伸直以掌撐地並將
左手臂伸直，回到①的姿勢。

LIGHT EXERCISE

覺得做不來的人也可以
換成這種較低強度的動作！

膝蓋放在地上的話就可以
降低負擔。

胸肩部的訓練

Down Dog Push Up

下犬式伏地挺身

形塑胸部到手臂的曲線，也能修飾全身線條。

1 將屁股翹高

兩手打開與肩同寬撐地，雙腳打開與腰同寬，並以腳尖支撐身體，屁股高高往天花板翹起。

2 充分伸展腰部

兩手確實壓在地上，手、臂、背、腰、臀全部伸展成一直線。

NG

腰和膝蓋沒有充分伸直

POINT

從斜前方看
感覺用胸部的肌肉來支撐身體。

3 頭部碰地

兩腳不要動，手肘稍微彎曲讓頭觸地。

4 以手臂將身體往後推

手臂伸直讓頭離開地面，上半身往腳的方向慢慢靠近，同時伸展胸部。回到②的姿勢，反覆動作。

胸肩部的訓練

Hindu Push Up

印度式伏地挺身

鍛鍊胸大肌使胸肩部更加緊實，同時具有豐胸效果。

1 伏地挺身預備姿勢

兩手打開與肩同寬，手臂打直撐地，肩膀位於手掌正上方。兩腳後伸以腳尖觸地，靠雙手及腳尖支撐身體。從腳到脖子呈現一直線。

2 屁股抬高

兩手和兩腳尖緊貼在地，將屁股抬高。

3 伸展背部肌肉

伸展背部的同時，屁股向天花板高高推出。從手臂到屁股必須保持一直線。

4 **兩手肘彎曲**

背部稍微縮起，兩手肘
稍稍彎曲。

5 6 **依序讓頭與胸部穿過兩臂之間**

兩手肘彎曲幅度加大，將頭壓低至快
要碰到地板，依循脖子往脊椎的方向
推送身體，慢慢將身體撐起來。

7

8 **仰頭伸展胸部**

兩手伸直將身體撐起，回
到①的姿勢，反覆動作。

Upper Arm

塑造上手臂線條。

Make Strong Beautiful Arms.

雖然我們不會特別集中鍛鍊上手臂，但進行訓練時，像是吊單槓、搬重物、舉起手、往兩側伸展、跑步時擺動手臂……這些動作都會動到上手臂，就結果來說，自然就會讓手臂感覺起來更精實。只不過，下一頁開始要介紹的訓練菜單對上手臂施加的壓力較高，所以成效也較顯著。日常生活中可能不太會注意到手指、手掌、手臂的出力方式，但只要稍微用心試著加大一點動作、並放慢動作速度，訓練時的效果也會有所提升。

上手臂的訓練菜單

Level.1

動作①～④組合成下方菜單

1. **Rock Climber** ×100
   攀岩 P.40

以②③為1輪做3輪

2. **Burpee** ×10
   波比跳 P.36
3. **Superman Push Up** ×10
   超人式伏地挺身 P.74
4. **Rock Climber** ×100
   攀岩 P.40

Level.1 低強度版

動作①～④組合成下方菜單

1. **Rock Climber** ×50
   攀岩 P.40

以②③為1輪做3輪

2. **Half Burpee** ×10
   半波比 P.38
3. **Superman Push Up** ×10
   超人式伏地挺身 P.74
4. **Rock Climber** ×50
   攀岩 P.40

Level.2 4Rounds of 30sec

動作①～④組合成下方菜單

1. **Rock Climber** 30sec
   攀岩 P.40
2. **Superman Push Up** 30sec
   超人式伏地挺身 P.74

①②持續30秒休息15秒。以此為1輪做4輪

3. **Burpee** 30sec
   波比跳 P.36
4. **Split Tuck Push Up** 30sec
   分腿後收腿彈跳伏地挺身 P.76

③④持續30秒休息15秒。以此為1輪做4輪

Level.2 低強度版 4Rounds of 20sec

動作①～④組合成下方菜單

1. **Rock Climber** 20sec
   攀岩 P.40
2. **Superman Push Up** 20sec
   超人式伏地挺身 P.74

①②持續20秒休息10秒。以此為1輪做4輪

3. **Half Burpee** 20sec
   半波比 P.38
4. **Split Tuck Push Up** 20sec
   分腿後收腿彈跳伏地挺身（加角度） P.78

③④持續20秒休息10秒。以此為1輪做4輪

上手臂的訓練

Superman Push Up

超人式伏地挺身

消除蝴蝶袖，讓手臂更精實。

伏地挺身 預備姿勢

兩手打開與肩同寬，手臂打直，肩膀位於手掌正上方，兩腳後伸以腳尖觸地，靠雙手及腳尖支撐身體。從腳到脖子呈現一直線，抬頭看向前方。

手肘彎曲 身體觸地

手肘彎曲讓身體碰到地面，成伏地姿勢。眼睛要看向前方。

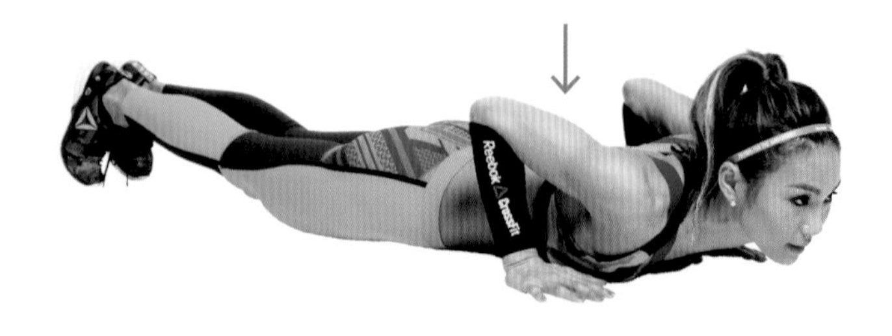

NG
腋下沒夾緊、
手肘外開為
不良動作。

兩手離地向前伸

模仿超人在天上飛的動作，讓胸部稍微離地，兩手同樣離地並往前伸。

手掌撐地
回到①的姿勢

兩手肘彎曲，將手收回腋下旁。雙手撐地將手臂打直，撐起身體。回到①的姿勢，反覆動作。

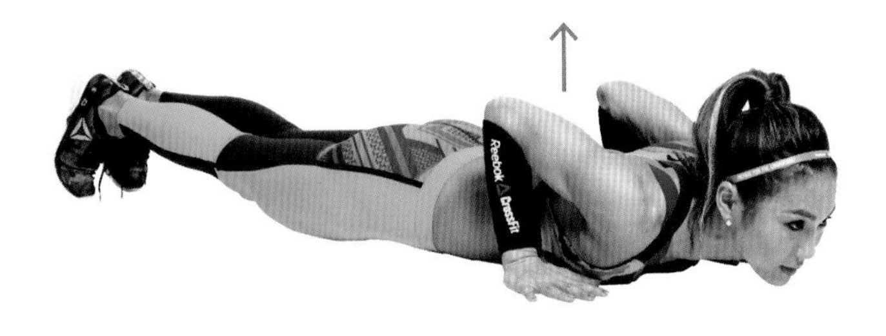

LIGHT EXERCISE

覺得做不來的人也可以換成這種較低強度的動作！

膝蓋放在地上的話就可以降低負擔。
P.73的菜單中出現的超人式伏地挺身都可以換成這個動作。

上手臂的訓練

Split Tuck Push Up

分腿後收腿彈跳伏地挺身

讓手臂凹凸有致，營造出立體的美感。

伏地挺身
預備姿勢

兩手打開與肩同寬，手臂打直，肩膀位於手掌正上方，兩腳後伸以腳尖觸地，靠雙手及腳尖支撐身體。從腳到脖子呈現一直線，抬頭看向前方。

雙腳蹬地向兩側滑開

兩手撐著不動，以腳尖蹬地輕跳，雙腳滑開超過肩寬一些。

雙腳蹬地
收攏雙腳

輕跳將雙腳收攏，
回到①的姿勢。

輕輕蹬地
收起兩膝

以腳尖蹬地輕跳，
兩膝彎曲收起。

4

輕輕蹬地
雙腳後伸

以腳尖蹬地輕跳，
雙腳後伸並以腳尖
支撐。

5

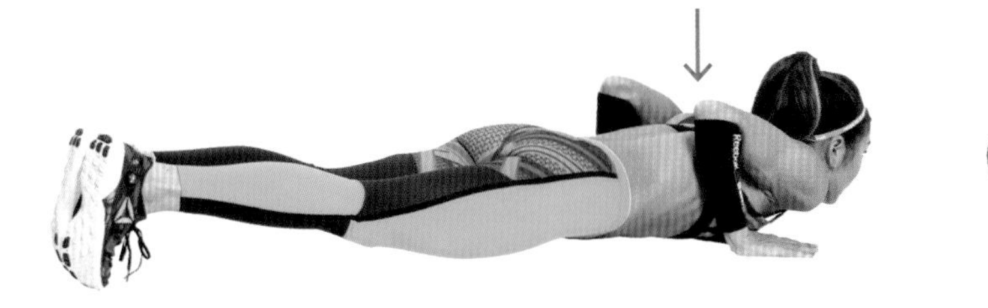

手臂彎曲
身體觸地

雙臂緊貼在身側，
慢慢彎曲讓胸部碰
到地面。

6

手臂打直
回到①的姿勢

手臂打直撐起身體。
回到①的姿勢，反覆
動作。

7

上手臂的訓練

Split Tuck Push Up

分腿後收腿彈跳伏地挺身（加角度）

以箱子輔助的「分腿後收腿彈跳伏地挺身」是降低負擔的版本。

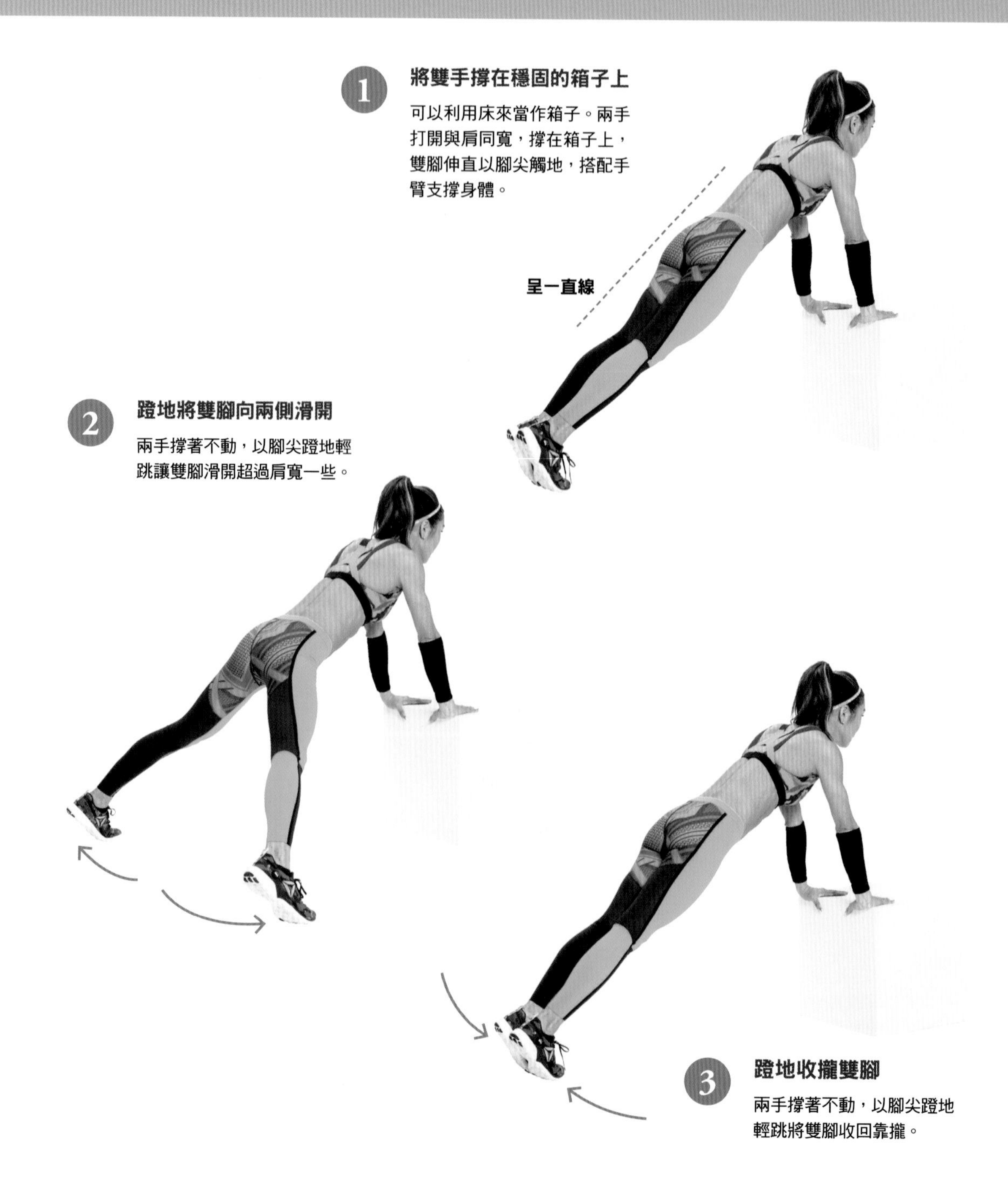

1 將雙手撐在穩固的箱子上

可以利用床來當作箱子。兩手打開與肩同寬，撐在箱子上，雙腳伸直以腳尖觸地，搭配手臂支撐身體。

2 蹬地將雙腳向兩側滑開

兩手撐著不動，以腳尖蹬地輕跳讓雙腳滑開超過肩寬一些。

3 蹬地收攏雙腳

兩手撐著不動，以腳尖蹬地輕跳將雙腳收回靠攏。

4 **雙腳併攏輕跳**

以腳尖蹬地，兩膝微彎輕跳，並以雙腳著地。

5 **雙腳併攏向後跳**

以腳尖蹬地向後跳，兩腳打直以腳尖著地。

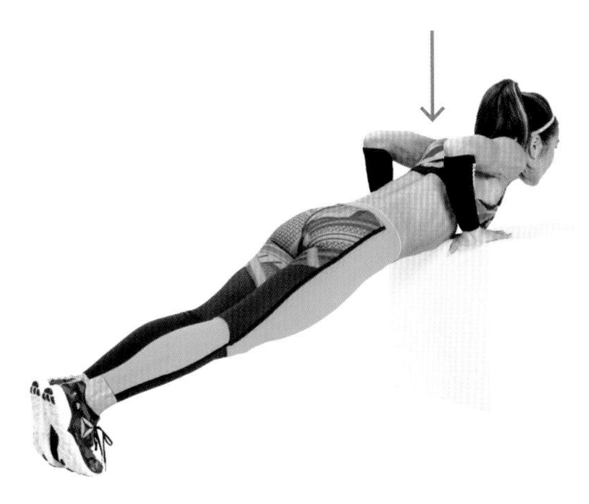

6 **兩肘彎曲 胸部碰箱**

雙臂緊貼在身側，慢慢彎曲手肘讓胸部碰到箱子。

7 **手肘打直回到①**

手肘打直撐起身體，回到①的姿勢，反覆動作。

Back

打造苗條美背。

Build Your Back Strong.

脊椎線條鮮明、兩旁的肌肉凹凸有致，這樣的背實在太迷人了。這就是我心目中最理想的背。完全看不出脊椎和肩胛骨線條的平板背部，實在很難說有魅力。只要均衡鍛鍊左右背部的肌肉，脊椎旁肌肉的凹處和肩胛骨附近支撐脊椎的肌肉便會漂亮浮現，紮紮實實營造出背部的魅力。

背部的訓練菜單

Level.1 3Sets

以①②組成下列菜單做3組

① **Burpee** 波比跳 P.36

② **Back Extension** 背部伸展 P.81

1set ①30次 ②10次
2set ①20次 ②20次
3set ①10次 ②30次

Level.1 低強度版 3Sets

以①②組成下列菜單做3組

① **Half Burpee** 半波比 P.38

② **Back Extension** 背部伸展 P.81

1set ①30次 ②10次
2set ①20次 ②20次
3set ①10次 ②30次

背部的訓練

Back Extension

背部伸展

讓難以鍛鍊的背部線條變得俐落緊實！

雙手前伸 成趴臥姿

成趴臥姿，手腳張開超過肩寬，抬頭看向前方。

雙手雙腳抬起

腹部貼在地上，上下半身往正上方抬起。感覺雙手斜舉並將雙腳往斜後方拉伸。

四肢保持 離地狀態

雙手雙腳慢慢放下，但依然停留在半空中。

Part.3

Check Up Your Daily life style.

About Food, Relaxation and Fashion.

琢磨身心靈
審視自己的生活型態！

體適能建立在飲食之上。而且為了建構得以持續訓練的身體，不光是飲食，休息也十分重要。一天將要結束前可以按按摩，或用香精油來保養自己的身體。這種慰勞身體的恢復時間絕對不能省。還有，穿搭風格也是一項讓自己的身體看起來更有魅力的工具。這也是琢磨美麗的AYA流Life Style！

Aya's Food Style.

低澱粉、高蛋白是基本
每天攝取大量蔬菜

飲食要注意的基本要點就是低澱粉，但早餐或午餐要擇一餐攝取碳水化合物。再來，計畫要進行高強度訓練的日子，為了維持體能，運動前我也會吃一些雜糧米做成的飯糰。

不用說，每天攝取蛋白質非常重要。肉類1天最少也要攝取一個手掌大的份量。用魚類、豆類、蛋來代替肉也OK。有時我也會飲用乳清蛋白。

但我不會刻意去除油脂。油脂不足會導致膚質乾燥，請各位務必注意。攝取脂質重質不重量，從堅果類、奇雅籽、椰子油都可以攝取。堅果類不僅有脂質，也富含豐富的維他命，每天吃一把的量就很足夠了。蔬菜要多吃，不過水果的話則因含有大量糖分，攝取量要比蔬菜少一點。而薯類雖然很好吃，但我盡量不吃太多。

過度自制的飲食生活是沒辦法長久持續的，所以我每個禮拜會設置1天讓自己放鬆，盡情吃喜歡吃的東西。

One Plate Dishes!

油煎蔬菜用韓國苦椒醬和番茄醬調味。加上我愛吃的蒸地瓜。

煙燻鮭魚佐菠菜和綜合嫩葉沙拉，淋上些許油醋醬。

鮪魚上鋪著滿滿的山藥泥，上頭再放上海帶絲。

滿滿茄子、紅蘿蔔等蔬菜的涼麵線。用蝦子來添加蛋白質。

油煎鮭魚和烤藜麥的沙拉。沙拉當然要多續一份。

令人期待的點心時間。蕨餅風的蒟蒻。黃豆粉和黑糖漿是給自己的獎勵。

Aya's Relaxation Style.

洗完澡後的放鬆時間好好呵護身體
早晨就用香草茶來揭開序幕

我雖然強壯，不過還是需要好好保養身體來調整狀態。
因此我很重視放鬆的時光。洗完澡到睡前的這段時間，我會點精油蠟燭放鬆心情，洗完澡也會用專用的乳液來慢慢按摩胸部、肚子以及腳。不管我當天有多晚回到家，這些例行公事我還是不會省略。睡覺時稍微滴一點有舒緩精神緊張效果的薰衣草香精油在床邊，就可以好好一覺到天明。這些就是我每天進行的自我保養。雖然偶爾也會去找人進行整骨及腳底按摩，但我以自己不會去美體沙龍為榮。
每天早上我起床的時間都差不多，如果在早上留個樂趣，搞不好一天就可以精神抖擻揭開序幕了。我自己的話是會在起床後喝一杯檸檬草的香草茶，我非常喜歡那種身心都獲得洗滌的感覺。
1天的開始以及結束時都進行以上例行公事，這就是AYA流的身心保養法。

Foot and Leg Care.

我每晚都會自己按摩腳。這已經養成習慣了，沒有做甚至會覺得心情不太舒服。

睡前的放鬆時光絕對省不得。點起精油蠟燭、滴上薰衣草香精油。

我也很喜歡用一些能幫助筋膜鬆開的運動器材。只需要滾動就能進行簡單的自我保養。

Bath Salt.

喜歡的浴鹽和泡澡劑。花草系的香味讓我每晚都得到放鬆。

Cream.

珍愛的按摩乳液。以胸部、腹部、腳部專用的乳液每晚保養。

精油蠟燭和香氛會用在寢室、客廳和衛浴空間。

Aya's Fashion Style.

方便活動又時尚
健美混搭風就是我的風格

我會選擇讓自己的身體看起來最漂亮的衣服來穿，牛仔褲跟露出肚子的衣服我也都很喜歡。這樣穿在日本或許稍嫌前衛，但到歐美國家一看，不管什麼體型的女性都不會在意，穿著十分貼身的衣服。我希望日本的女性也可以多多嘗試看看。
我也喜歡能讓腳看起來更修長的膝上靴。還有像是白色球鞋跟任何風格都好搭配，穿上各式各樣設計的白色球鞋樂趣無窮。
至於要訓練時，如果會影響到手臂和肩膀的動作那就不要穿。那種衣服既會帶給身體壓迫，也沒辦法提升運動表現。我希望大家在訓練時也能好好享受讓自己看起來帥氣的穿搭。我出國時，看到衣服有什麼最新推出的款式馬上就會買下來。穿上令人心情雀躍的服裝也會增加動力，讓人更積極投入訓練。

In Boston.

太陽眼鏡和帽子是搭配牛仔褲的單品。標準的夏季穿搭風格。

在波士頓街區散步時。在街上走動時我會穿已經穿慣的Reebok運動鞋。

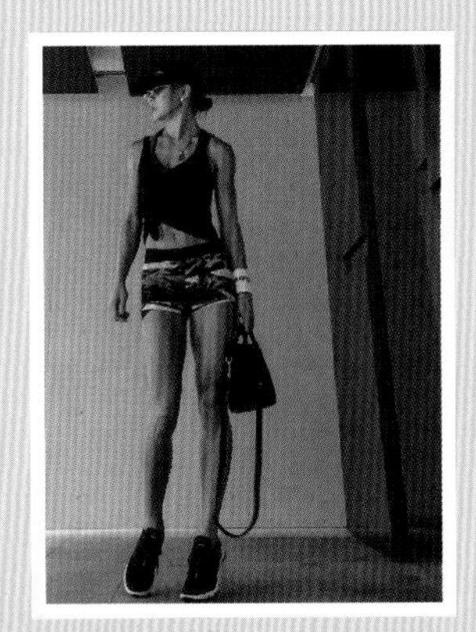

無色彩的運動混搭風。Reebok的CloudRide穿起來非常柔軟舒適！

Monotone.

Reebok的緊身褲搭配ROSE BUD的長版開襟衫。無色彩搭配看起來十分帥氣！

穿寬褲的時候，上半身搭配俐落合身的服飾。鞋子則穿低跟鞋。

In NY!

在紐約拍的照片。衣服褲子和鞋子統一用白色，包包則用黑色來點綴。

At Saturday.

我非常喜歡能將運動服裝當作一種時尚來享受穿衣樂趣的運動休閒風！

禮拜六在街上散步。CÉLINE、Saint Laurent、Dolce & Gabbana的穿搭。

T恤和鞋子都是Reebok的。T恤部分微微露出肚子。

Reebok
店鋪名單

服裝＆鞋子贊助：Reebok

リーボック フィットハブ
六本木ヒルズ

營業時間 11:00～21:00
☎03-5771-1024
東京都港区六本木6-4-1 六本木ヒルズ
メトロハット/ハリウッドプラザ B1F

リーボック フィットハブ
小田急百貨店新宿店

營業時間 平日 土10:00～20:30
日祝10:00～20:00
☎03-5322-0315
東京都新宿区西新宿1-1-3 ハルク 2F

リーボック フィットハブ
アクアシティお台場

營業時間 11:00～21:00
☎03-3599-5630
東京都港区台場1-7-1 アクアシティお台場3F

リーボック フィットハブ
北千住マルイ

營業時間 10:30～20:30
☎03-5284-2600
東京都足立区千住3-92 北千住マルイ 5F

リーボック フィットハブ
ららぽーと湘南平塚

營業時間 10:00～21:00
☎0463-25-1160
神奈川県平塚市天沼10-1 ららぽーと湘南平塚
2F

リーボック フィットハブ
ららぽーとEXPOCITY

營業時間 10:00～21:00
☎06-4864-8377
大阪府吹田市千里万博公園2-1 EXPOCITY 2F

リーボック フィットハブ
博多 キャナルシティオーパ

營業時間 10:00～21:00
☎092-272-5857
福岡県福岡市博多区住吉1-2-22
キャナルシティオーパ3F

Reebok 日本官方網站 / 網路商店
Reebok.jp

※本頁店鋪資訊為截至2017年2月底的資訊。

Reeb
HEA

More About Aya ♡

想請教AYA老師的Q&A

好想變得跟AYA老師一樣擁有女性所憧憬的體態！
快來問問AYA老師正確的訓練規則
以及美麗的秘密！

Q1

我在外面看過CrossFit的團體課程，那會不會很累啊？

CrossFit原本是由15人左右的團體所進行的訓練，特色是年齡、性別、運動經驗不同的人們共處一室運動。即使是同樣的動作也可以調整強度，教練會依據每個人的運動能力來指導操作適合的強度。如果比較早做完的人可以替其他還在做的人打氣。就算做的時候累，大家一起做的話就有辦法咬緊牙關做到最後。

Q2

運動時需要穿鞋嗎？可以打赤腳做嗎？

雖然每項運動不盡相同，但基本上穿鞋子可以減輕著地時腳部的負擔。而且還有止滑效果，比較安全。

Q3

感覺膝蓋會痛的話還能做運動嗎？

不光是膝蓋，任何關節感覺到痛的話就不要運動了，請等不痛了再做。另外，如果訓練途中感覺哪裡痛的話要馬上停止運動。

Q4

我是運動的新手，可不可以只做有氧運動？

如果連低強度版的項目都覺得做不太來的人，先嘗試2～3天只做有氧運動。等習慣後再去做Level.1的低強度版。

Q5

訓練什麼時候做都可以嗎？

什麼時候做都沒問題，但我建議「集中在天亮的時候」。晚上做劇烈運動反而會讓身體醒過來，無法獲得優良的睡眠品質消除疲勞，可能會造成隔天早上起來感到疲累。

Q6

我有孕在身，也可以做運動嗎？

請洽詢主治醫生，並且只嘗試不必勉強自己的簡單動作。

Q7

老師做過哪些運動呢？

我本來就很喜歡運動。田徑、排球、游泳等方面都有經驗。大學畢業後也在健身房從事過一陣子健身教練。

Q8

老師1天運動幾個小時呢？

我並不會每天都進行激烈的訓練，也有些日子是完全不運動的。平均起來1天差不多1～2個小時吧。沒做肌力訓練時會慢跑10km。瑜珈或快走也可以，我希望大家養成動動身子的習慣。

Q9

老師會吃早餐嗎？

我的訓練都集中在上午，早餐是能量來源，所以都會吃。

Q10

可以吃糖果點心嗎？

好像很多人覺得我的飲食生活非常嚴謹，但其實我還是會吃我非常喜歡的蒙布朗喔。我希望能長期持續訓練，所以千萬不可以過度勉強自己。平時忍耐，到了周末稍微放縱自己也OK。生活還是得平衡一下，不然怎麼過得下去呢？

Epilogue.

「自信」才是最強的武器。
我們要追求的是
能夠挺身面對一切的自己。
妳的那份「自信」
會帶給妳美麗與強韌。

Strong is beautiful.
Be Happy!! ☺

Aya C.

TITLE

Aya Body 健身後愛上自己(附DVD)

STAFF

出版 瑞昇文化事業股份有限公司
作者 AYA
譯者 沈俊傑

總編輯 郭湘齡
責任編輯 蔣詩綺
文字編輯 徐承義 陳亭安
美術編輯 孫慧琪
排版 執筆者設計工作室
製版 印研科技有限公司
印刷 龍岡數位文化股份有限公司

法律顧問 經兆國際法律事務所 黃沛聲律師

戶名 瑞昇文化事業股份有限公司
劃撥帳號 19598343
地址 新北市中和區景平路464巷2弄1-4號
電話 (02)2945-3191
傳真 (02)2945-3190
網址 www.rising-books.com.tw
Mail deepblue@rising-books.com.tw

初版日期 2019年1月
定價 420元

ORIGINAL JAPANESE EDITION STAFF

デザイン 楯 まさみ
撮影 是枝右恭
編集 和田方子
ヘアメイク み山健太郎
マネージメント 前田正行（YMN）
DVD撮影・編集 株式会社グラフィット
DVDプレス イービストレード株式会社
校正 木串かつこ / 本郷明子
企画・編集 端 香里（朝日新聞出版 生活・文化編集部）
協力 リーボックReebok.jp

國家圖書館出版品預行編目資料

Aya Body : 健身後愛上自己 / Aya作 ; 沈俊傑譯. -- 初版. -- 新北市 : 瑞昇文化, 2019.01
96 面 ; 19X26 公分
ISBN 978-986-401-302-9(平裝附光碟片)
1.塑身 2.運動健康

425.2 107021947

DVD TSUKI Aya Body KARADA WO KITAERU FUNCTIONAL TRAINING